智能型
危化品安全与特种作业
仿真培训指南

中国化学品安全协会　组织编写
吴重光　著

化学工业出版社
·北京·

内容提要

本书是由中国化学品安全协会组织编写，与危险化学品特种作业人员安全技术培训与考核软件配套的指南性教材。

本书内容包括离心泵及储罐液位系统、热交换系统、连续反应系统、间歇反应系统、透平与往复压缩系统、精馏系统和加热炉系统等7种典型化工单元系统，全面涵盖了化工过程连续与间歇反应、传质、传热、三类主要动设备以及加热单元。每一个操作单元都给出该系统的工艺流程、主要危险、危险的控制措施、主要事故及排除方法和开停车规程等，配套的二维码是相应的开车演示，扫码即可操作。附录中配套有各章的思考题。

配套的仿真软件操作画面通用性强，使用简捷，可自动评分、自动提示、自动查询，便于自学，便于大批量学员的培训与考核。

本书适用于本科和职业教育化工、石油化工、炼油等相关专业的实践教学，也适用于化工、石油化工、炼油等企业训练操作人员。

图书在版编目（CIP）数据

智能型危化品安全与特种作业仿真培训指南/中国化学品安全协会组织编写；吴重光著. —北京：化学工业出版社，2020.5

ISBN 978-7-122-36350-3

Ⅰ. ①智… Ⅱ. ①中… ②吴… Ⅲ. ①化工产品-危险物品管理-指南 Ⅳ. ①TQ086.5-62

中国版本图书馆CIP数据核字（2020）第034383号

责任编辑：刘　哲　　　　装帧设计：关　飞

责任校对：王素芹

出版发行：化学工业出版社（北京市东城区青年湖南街13号　邮政编码100011）

印　　装：三河市延风印装有限公司

787mm×1092mm　1/16　印张10¾　字数244千字　　2020年8月北京第1版第1次印刷

购书咨询：010-64518888　　　　售后服务：010-64518899

网　　址：http://www.cip.com.cn

凡购买本书，如有缺损质量问题，本社销售中心负责调换。

定　　价：58.00元

序

化工行业是我国国民经济重要的支柱产业，化工生产具有高温、高压、易燃、易爆、有毒、有害等特点，是国家安全生产重点监管的行业。党中央、国务院历来高度重视化工行业安全生产工作，采取了一系列全面加强安全监管的措施，全国化工行业安全生产形势持续稳定好转。

我国已成为世界化工生产的第一大国，化工行业从业人数超过 700 万人。大量统计数据表明，我国大多数的化工事故是由于操作失误导致的。因此，加强培训工作，尽快提高操作人员技能，成为我国强化化工安全生产工作的当务之急。为了突出重点，国家安监总局把涉及危险工艺的操作人员纳入危险化学品特种作业人员管理，并在第 30 号总局令中要求："特种作业人员应当接受与其所从事的特种作业相应的安全技术理论培训和实际操作培训。""省、自治区、直辖市人民政府安全生产监督管理部门负责本行政区域特种作业人员的安全技术培训、考核、发证、复审工作。"各地安全监管部门认真落实总局30号令的要求，开始了危险化学品特种作业的培训、考核和发证工作。

调研表明，各地特种作业安全技术理论培训与考核工作开展较好，而实际操作培训普遍进展较慢，考核工作还几乎没有开始。其根本原因，就是缺少特种作业实际操作培训和考核的有效方法和手段。为此，中国化学品安全协会在这方面做出了积极探索，与地方安监局联合，经广泛调研论证，开发成功了采用先进的计算机仿真技术进行危险化学品特种作业实际操作培训和考核系统。本书就是推广应用以上技术成果的详尽指南。

本书介绍的培训和考核方法及配套软件有三个特点：第一，培训和考核内容的选定与国家安监总局的相关要求完全一致，具有普遍适用性、易于实施和内容少而精等优点；第二，安全操作培训重点突出，强化了超前控制事故发生实际操控能力的训练；第三，配套软件使用直观形象、简明易学，具有自动评分、自动监控功能，便于实施大批量学员的培训和考核。

期望本套培训、考核方法和软件的推广应用，成为计算机仿真技术支撑安全实际操作训练的一个良好开端。危险化学品特种作业涉及的工艺流程非常多，继续开发针对性、实用性强的培训与考核软件将是一项十分艰巨的任务。相信通过我国科技人员的不懈努力，必将在应用计算机仿真技术培训化工工人操作技能方面不断取得积极进展，助力我国化工行业减少操作事故，提升安全生产水平。

前 言

危险化学品安全作业是原国家安全生产监督管理总局（国家应急管理部）令第30号《特种作业人员安全技术培训考核管理规定》所规定的特种作业。化工安全作业包括光气及光气化、氯碱电解、氯化、硝化、合成氨、裂解（裂化）、氟化、加氢、重氮化、氧化、过氧化、胺基化、磺化、聚合、烷基化、偶氮化、新型煤化工、电石生产工艺等18种，以及化工自动化控制仪表作业。

基于计算机仿真技术开发的危化品特种作业人员培训及考核软件系统，能够对危险化工工艺的真实场景进行全工况模拟。即对典型危化生产装置（操作单元）进行开车、停车和事故排除操作，还能够实现流程监控、交互操作、大量化工危险工况模拟以及实时的安全信息查询。培训与考核系统具备实操水平的自动评分功能，可以满足培训考核需求。

遵照原国家安全生产监督管理总局令第30号，实施危化品特种作业人员的培训、考核及发证工作，是一项既有很高专业技术含量，又需要具备高度可行性的任务，必须充分考虑我国危化从业人员实际操作技术水平的现状，以创新的思想开发一套具有我国特色的行之有效的培训与考核方法。

其基本原则是：大量危化从业人员在短期培训后，多数人能够获得基本从业资格的“入门证”。因此，考核内容必须普遍适用、操作方法通用性强并且高度精简；安全操作重点内容必须突出；需要强化“安全防线提前”的国际共识原则，即培训与考核提前制止事故发生的实际操控能力，因此，本书统称为事故排除，而不用事故处理。严格地说，是把重点放在将事故排除在非正常工况阶段，而不是事故已经发生后的处理阶段。或者说，把人的因素从事故原因转化为一种有效的“安全措施”。这也正是仿真系统的强项。仿真系统应当是具有配合培训与考核专用功能、操作画面通用性强、便于使用、自动提示、自动查询、便于自学等功能的软件，并且提供详细的指导书和配套教材。为了适应大批量危化从业人员的培训和考核，软件应当是基于计算机网络自动考试、自动评分、自动“流水”化运行的无人管理系统。

本书内容主要包括离心泵与储罐液位系统、热交换系统、间歇反应系统、连续反应系统、透平与往复压缩系统、精馏系统和加热炉等7种典型化工单元系统。每一个操作单元都给出该系统的工艺流程介绍、主要危险、危险的控制措施、主要事故及排除方法和开停车规程等。

同时给出了配套软件的操作画面和操作方法，配套的二维码是相应的开车演示，扫码即可操作。书中详细介绍了如何使用以上 7 个典型单元，针对 17 类特种作业实施安全操作培训和资格考核的方法，给出了详细的评分标准。此外，本书还介绍了与安全操作密切相关的安全关注点、化工操作要点以及操作规程的危险与可操作性分析方法。配套仿真软件具有操作画面通用性强、使用简捷、自动评分、自动提示、自动查询、便于自学、便于大批量学员的培训与考核等功能。

本书作者按照特邀专家提出的安全实际操作具体要求，研发了配套软件的全部动态数学模型。为了高逼真度地模拟化工过程全工况动态特性，本系统的数学模型考虑了如下几个重要方面：动态模型能反映被仿真装置的实际状态，能反映系统物料和能量的变化与传递的定量关系，以及化学反应动力学特性；过程控制系统模型与实际工业控制系统完全一致；为了适应考核的时限，总体加快了系统时间常数；动态模型的求解速度达到了实时性，同时能够满足求解精度。以上技术进展确保了数学模型对化工过程全工况的准确模拟，这是培训与考核数学模型的精髓所在。

自 2015 年以来，通过实施本套仿真培训与考核系统的试点工作，出现了三个主要困难问题：

第一个问题是：我国中小型危化企业为数众多的操作人员实际操作水平较低，缺乏事故的识别、分析、决策和正确应对能力，几乎都没有接受过仿真培训。因此立即要求他们通过仿真考核不现实，也不是 30 号令的本意。还是需要先培训，达到一定能力和熟练度后再考核，才会真正有效果。

第二个问题是：传统的仿真培训系统培训功能不足，特别缺乏训练操作工识别事故、分析事故、准确决策和正确行动的功能，亟需创新仿真培训方法和技术。

第三个问题是：对于国有大型石化企业，仿真培训已经比较普及，操作工的经验和素质比较高，简单的仿真考核不足以激发广大一线操作人员继续提高应对大型装置复杂危险工况的积极性。据了解，发达国家的有经验的操作工包括军事作战人员更青睐先进的智能化仿真培训，可以挑战他们的经验和不足。

人工智能技术与仿真培训技术融合，能大大提高仿真训练的质量和效率，能将安全分析、准确决策与能力训练有机结合起来，能将集体智慧、头脑风暴完成的危险与可操作性分析（HAZOP）评价信息完整地、详细地和高效地保有、查询、传承、拓展和经验共享，能实现装置危险传播路径的深度挖掘，是一种理想的个性化、公平化和终身化教学训练技术。历经 30 多年研究开发，我们解决了过程知识的定性建模（化工过程知识图谱全谱）和自主知识产权高效多功能“推理引擎”两大关键技术。运用国产化人工智能技术，成功完成了两项 863 国家高科技产业化项目。智能 HAZOP 分析软件 CAH 已经实现了产业化大规模工业应用。在此基础上，作者将仿真培训软件 TZZY 与智能实时 HAZOP 分析软件 AI3 有机结合，集成为一个智能仿真培训软件平台 AI3-TZZY，实现了过程运行管理人员、安全监管人员和操作工人安全操作知识、能力和熟练度训练方法的创新。

从目前教学知识结构上分析，化工职业教学包括大学教学缺乏的“过程运行学”内容，大部分学生毕业后是从事“过程运行”职业，而不是设计研究职业。另外，数学教学缺乏定性建模和定性推理内容，这恰恰是利用数学工具分析问题解决问题、人工智能“反事实因果推理”和可解释的人工智能（XAI）的核心与基础。因此，化工职业和本科教学知识结构亟待扩展。AI3-TZZY 智能仿真软件为“过程运行学”、定性数学和人工智能应用教学提供了一种不可或缺的理论教材与生动的实践环节。

我们将在推广应用中继续完善和改进这套智能型仿真培训软件质量，为提高我国危险化学品安全和特种作业人员的技能水平而不懈努力。

吴重光

2020 年 1 月

目录

第一章 绪论

一、特种作业实际操作培训及考核内容

危险化学品特种作业人员实际操作仿真培训和仿真考核系统，简称“危化特作”和“实操”培训与考核系统。本书给出的培训与考核系统涵盖光气及光气化、氯碱电解、氯化、硝化、合成氨、裂解（裂化）、氟化、加氢、重氮化、氧化、过氧化、氨基化、磺化、聚合、烷基化、偶氮化、新型煤化工等17种危化品特殊作业类型（不含电石生产工艺），以及化工自动控制系统调整。

由于实操培训与考核的学时有限，按全部考核软件实操培训需8～16学时，考核有30～45分钟的限定。以下典型操作单元是危险化工工艺过程中最基础和对17种危险化工工艺适应性广泛的选择。7种系统包括了连续与间歇反应、传质、传热、三类主要动设备（离心泵、往复压缩和透平）以及加热过程。显然，这也是危险化工工艺代表面最广且种类数最少的选择。分列如下：

① 离心泵与储罐液位系统；

② 热交换系统；

③ 连续反应系统；

④ 间歇反应系统；

⑤ 加热炉系统；

⑥ 精馏系统（包括控制系统投用和调整）；

⑦ 透平与往复压缩系统。

以上化工工艺单元和化工过程都具有详尽的真实工业背景，主要工艺参数与真实系统完全一致，其开车、停车、非正常工况操作和事故排除的模拟与真实系统完全一致，并且通过多次专家会议讨论与优选，全部属于典型高危险性化工工艺过程。

所选用的连续反应过程（专利系统）是工业常见的典型的连续带搅拌的釜式（CSTR）丙烯聚合反应系统，在已有的事故报告中，聚合反应的重大事故率最高。

所选的间歇反应过程在精细化工、制药、催化剂制备、染料中间体、火炸药等行业应用广泛。本间歇反应的物料特性差异大；反应属强放热过程，由于二硫化碳的饱和蒸气压随温度上升而迅猛上升，冷却操作不当会发生剧烈爆炸；反应过程中有主副反应的竞争，必须设法抑制副反应，然而主反应的活化能较高，又期望较高的反应温度。如此多种因素交织在一起，使本间歇反应具有典型代表意义。

所选用的加热炉属于汽油加氢脱硫装置，被加热的物料为汽油或煤油，是典型的高危险性化工工艺过程，同时也是催化裂化、乙烯裂解、合成氨转化炉、煤气化炉等具有共性的部分。

所选用的压缩系统是汽油加氢脱硫过程的氢气循环压缩机，泄漏时遇火源极易爆炸，亦属于高危险性化工动设备。同时涵盖了透平与往复压缩机两种类型。

所选精馏系统是大型乙烯装置中的脱丁烷塔，操作复杂程度适中，代表了典型传质单元，如精馏、吸收和萃取等。塔顶产物是C_4，塔底产品是裂解汽油，具有高危险性。

为了强化安全实操内容，将以上 7 个工艺单元参照国内外安全标准，突出典型危化工艺单元的重要危险事故排除，总结了 80 余种“安全关注点”，在工艺流程图中直接查询；并且每一个单元都设置相关的 5 种典型事故排除，包括紧急状态应急实操考核，总计 35 种事故排除考核项目。

二、特种作业实际操作考核方法要点

为了突出非正常工况的掌控和事故排除两个重点，精简培训与考核内容，每个学员按不同作业类型都指定考核 3 个科目[与安监总宣教（2014）139 号文件“特种作业安全技术实际操作考试标准及考试点设备配备标准（试行）的通知”相关部分的要求具有一致性]。即在所有的危化工艺类都需考核离心泵与储罐液位系统（科目一）和热交换系统（科目二）的基础上，结合 16 种危化作业的工艺特点，在间歇反应、连续反应、透平与往复压缩、精馏、加热炉和精馏控制系统调整等 6 个科目中指定选择一个，作为第三个考核科目（科目三）。每个科目都在 5 种事故排除（包括重要事故应急处理）中任选一种，即仅考核 3 项事故排除。这种选择方法的优点是，培训内容在考核时全部涉及，考核时不会出现许多搁置不选的单元，因而有效精简了培训内容，大大节省了培训时间。

软件自动按百分制评分。在总成绩满分 100 分分值中，科目一、科目二和科目三之和为 50 分，科目一、科目二和科目三所占比例为 0.3∶0.3∶0.4，事故排除为 50 分，3 个事故排除所占比例各为 1/3。这种评分方法有利于考察学员的综合水平。

需要特别指出，典型化工单元事故发生后的应急处理和抢险，不是仿真软件的强项，可以考虑使用其他系统培训或直接在企业实际装置场所进行训练和考核更加切实有效，针对性强。

按以上考核方法，16 种危化作业类型构成 19 种组合。试验培训表明，经过培训的学员在 30～45 分钟以内可以完成 3 项考核科目。16 种危险化学品安全作业实操培训与考核的科目见表 1-1。

表 1-1　危险化学品安全作业实操培训与考核科目表

序号	危险化学品安全作业类型（总局令第 30 号规定）	主要工艺过程（总局令第 30 号规定）	科目一	科目二	科目三
1	光气及光气化工艺	光气合成以及厂内光气储存、输送和使用	离心泵与储罐液位过程开车及事故排除	换热器过程开车及事故排除	连续反应过程开车及事故排除
2	氯碱电解工艺	氯化钠和氯化钾电解、液氯储存和充装	离心泵与储罐液位过程开车及事故排除	换热器过程开车及事故排除	连续反应过程开车及事故排除
3	氯化工艺	液氯储存、气化和氯化反应	离心泵与储罐液位过程开车及事故排除	换热器过程开车及事故排除	连续反应过程开车及事故排除
4	硝化工艺	硝化反应、精馏分离	离心泵与储罐液位过程开车及事故排除	换热器过程开车及事故排除	间歇反应或精馏过程二选一，开车及事故排除
5	合成氨工艺	压缩、氨合成反应、液氨储存	离心泵与储罐液位过程开车及事故排除	换热器过程开车及事故排除	压缩或连续反应过程处理二选一，开车及事故排除
6	裂解（裂化）工艺	石油系的烃类原料裂解（裂化）	离心泵与储罐液位过程开车及事故排除	换热器过程开车及事故排除	加热炉或精馏过程二选一，开车及事故排除
7	氟化工艺	氟化反应	离心泵与储罐液位过程开车及事故排除	换热器过程开车及事故排除	连续反应过程开车及事故排除
8	加氢工艺	加氢反应	离心泵与储罐液位过程开车及事故排除	换热器过程开车及事故排除	连续反应过程开车及事故排除
9	重氮化工艺	重氮化反应、重氮盐后处理	离心泵与储罐液位过程开车及事故排除	换热器过程开车及事故排除	连续反应过程开车及事故排除
10	氧化工艺	氧化反应	离心泵与储罐液位过程开车及事故排除	换热器过程开车及事故排除	连续反应过程开车及事故排除
11	过氧化工艺	过氧化反应、过氧化物储存	离心泵与储罐液位过程开车及事故排除	换热器过程开车及事故排除	连续反应过程开车及事故排除
12	氨基化工艺	氨基化反应	离心泵与储罐液位过程开车及事故排除	换热器过程开车及事故排除	间歇反应过程开车及事故排除
13	磺化工艺	磺化反应	离心泵与储罐液位过程开车及事故排除	换热器过程开车及事故排除	间歇反应过程开车及事故排除
14	聚合工艺	聚合反应	离心泵与储罐液位过程开车及事故排除	换热器过程开车及事故排除	连续反应过程开车及事故排除
15	烷基化工艺	烷基化反应	离心泵与储罐液位过程开车及事故排除	换热器过程开车及事故排除	连续反应过程开车及事故排除
16	化工自动控制仪表	化工自动控制仪表系统安装、维修、维护	离心泵与储罐液位过程的开车，流量与储罐液位控制	换热器过程的开车和温度控制	精馏控制系统投用和控制系统调整

三、特种作业实际操作培训与考核软件特点

危化品特种作业人员实操培训和考核系统由两套独立运行的软件平台组成，即实操培训软件

考核软件使用操作方法介绍

平台（TZZY）和实操考核软件平台（TZKH）。两个平台的创新特点如下。

1. 实操培训软件平台（TZZY）

① 按照学员登录的个人信息，自动导引运行指定的科目，完成科目的开/停车和典型事故排除训练。

② 自动评价学员的培训操作和事故排除成绩（完全按“139 号文件”的百分制评分）。

③ 具有自动“安全关注点”查询功能。遵照国家标准《化工企业工艺安全管理实施导则》（AQ/T 3034—2010），安全培训必须了解生产岗位的主要危险，软件将其称为安全关注点。能够在工艺流程图画面上直接查询所有培训科目的工艺单元的主要危险和这些危险的防控措施。软件依据国内外相关标准与规范，确定安全关注点的内容。

④ 操作画面和操作模式兼顾各种型号的 DCS、PLC 以及常规仪表，即不是某一种特定的 DCS 或 PLC 控制模式。理由是化工企业目前采用的国产和进口 DCS 种类繁多，很不统一。DCS 的操作模式本身比较繁杂，需要附加学时，熟悉一种特定的 DCS 的专有操作，相当于在考核中增加了新的“门槛”，在为数众多的不使用此类 DCS 的企业会引发争议，缺乏公平性，而且使得培训和考核不能尽快进入危险工艺操作的实质性内容。本实操考核培训和考核软件采用“三要素”（开关、手操器和控制器）操作法，是通用性强的工艺操作模式，流程图画面、控制组画面、趋势画面和报警画面等与各种 DCS 一致，相当于 DCS 的通用简化版。软件还给出基本操作提示画面，可以边操作边参照。这种操作和控制方法学习和使用简单快捷，大量应用实践表明通过 15～20 分钟的自学即可熟悉操作，经过 8 学时的工艺实操培训可以自然而然达到非常熟练的程度。

⑤ 提供在线位号说明和开车要点查询功能，大大减轻培训教师的工作量。

⑥ 提供典型危化工艺单元、动设备、仪表部件的高清照片，包括内部结构。

⑦ 在专家审查的基础上，对典型危化工艺单元的训练与考核内容进行精简，突出与危险重点相关的内容，达到既突出重点又大大提高培训效率的目标。

⑧ 动态数学模型可以模拟各类非正常工况，采用高精度达到国际先进水平的建模技术，可以确保培训质量。

2. 实操考核软件平台（TZKH）

① 具备实操培训软件平台（TZZY）的全部功能，自动封住部分需要学员记住的提示功能，以便考核学员的实际水平。

② 具有考场入口“人脸”自动识别（包括各操作站人脸在线核验功能）、个人信息登录和信息联网功能。

③ 具有自动识别登录信息，自动导引考核流水科目，自动评价考核成绩（包括事故排除成绩），自动网络汇总成绩的监控功能，适合大批量无人监督考核。

第二章

仿真实操软件界面操作方法及操作要点

一、仿真实操软件操作方法

1. 概述

（1）画面特点

微型计算机的发展日新月异，低价格、高性能、长寿命的工业微型计算机（IPC、PCC）异军突起，迅速占领工业控制市场。微型计算机图形技术的发展，使得操作画面直观、形象、容易掌握。工业过程计算机控制，包括 DCS 系统（集散型控制系统），出现了硬件微机化、软件通用化的趋势。例如，目前国际上基于微型计算机的工业控制软件，具有功能强、价格低、通用性好、可以直接在 Windows 环境下运行、可共享 Windows 的软件资源、操作与控制画面形象细致、简便易学等优点，正逐渐被广大用户所接受。

本仿真实操软件操作画面有如下特点。

① 操作画面采用 Windows 风格，直接在流程图画面上以“所见即所得”的新概念完成全部手动和自动操作。

② 操作画面的内容及分类与 DCS 完全相似。

③ 画面操作无需特殊硬件，仅靠鼠标就能完成各项操作。

④ 本仿真实操软件由开发平台支持，软件使用方法一致性高。

⑤ 本软件采用了作者提出的全程压缩及多种节省计算容量的技术。

⑥ 针对实操教学的特点，操作画面增加了排液指示、火焰指示、特性曲线显示、设备局部剖面及动画显示等功能。

（2）画面分类

本仿真实操软件根据操作需要，设计了如下 10 种基本画面。

① 流程图画面（G1～G4） 仿真实操的主操作画面。

② 控制组画面（C1～C4） 集中组合控制器（调节器）、手操器或开关的画面。

③ 指示组画面（C1～C4） 集中组合重要变量显示的画面。

④ 趋势组画面（T1、T2） 集中组合重要变量趋势曲线的画面。

⑤ 报警组画面（A1、A2） 集中组合重要变量超限闪光报警的画面。

⑥ 帮助画面 操作过程中随时可以调出，用于画面操作及控制功能的提示。

⑦ 冷态开车评分记录画面（SC） 具备详细分项评分显示。

⑧ 事故排除评分记录画面（SF）。

⑨ 安全关注点查询画面。

⑩ 开车步骤查询画面。

（3）仿真实操软件运行方法提示

① 7 个典型实操培训软件在统一的软件平台（TZZY，即“特种作业”的汉语拼音字头）管理下运行，从桌面双击“TZZY”快捷图标运行该软件。考核软件平台命名为“TZKH”（“特作考核”的汉语拼音字头），从桌面双击“TZKH”快捷图标运行该软件。

② 当自动进入某一个实操软件时，软件的启动有一个初始化过程，首先要等待数秒（老型号微型计算机可能等待的时间稍长一些），当标有“科目一”/“科目二”/“科目三”的画面出现时，继续等待数秒，直到软件处于运行状态。

③ 仿真实操软件的操作、监视与控制，通过单击位于界面上方“工具栏”中的相应按钮按键进入相应的画面，同时在左下方的状态（提示）栏中给出文字提示。软件的操作激活过程：首先单击工具栏最左端的三角形按钮，软件即从启动画面自动进入第一流程图画面（G1）。

④ 仿真软件的主要操作画面包括流程图画面（G1，G2，…）、控制组画面包括指示画面（C1，C2，…）、趋势画面（T1）、报警画面（A1）和自动评分画面（Sc），当光标指向工具栏的某一按钮时，状态提示栏中都有对应的文字说明。

⑤ 工具栏中标有 P1，P2，…的按钮对应的是新增的工程图片素材画面，注意状态提示栏显示的说明。

⑥ 工具栏中的书形按钮对应的是软件操作说明画面。

⑦ 软件退出仅设一个出口，实现方法：单击菜单栏中的“文件（F）”，然后在下拉菜单中选择“退出”命令，软件即终止运行且退出。

本软件的画面调出方法属于快捷键方式，具有直接、快速的优点。

工具栏和状态栏图例如图 2-1 所示。

2. 画面中主要操作与显示位图说明

（1）开关位图（图 2-2）

操作方法 用鼠标控制画面中的光标（指针），使其进入开关选定框（红色或绿色背景色的区域内），然后单击鼠标左键。每单击一次，开关状态翻转一次。开状态为“on”（背景

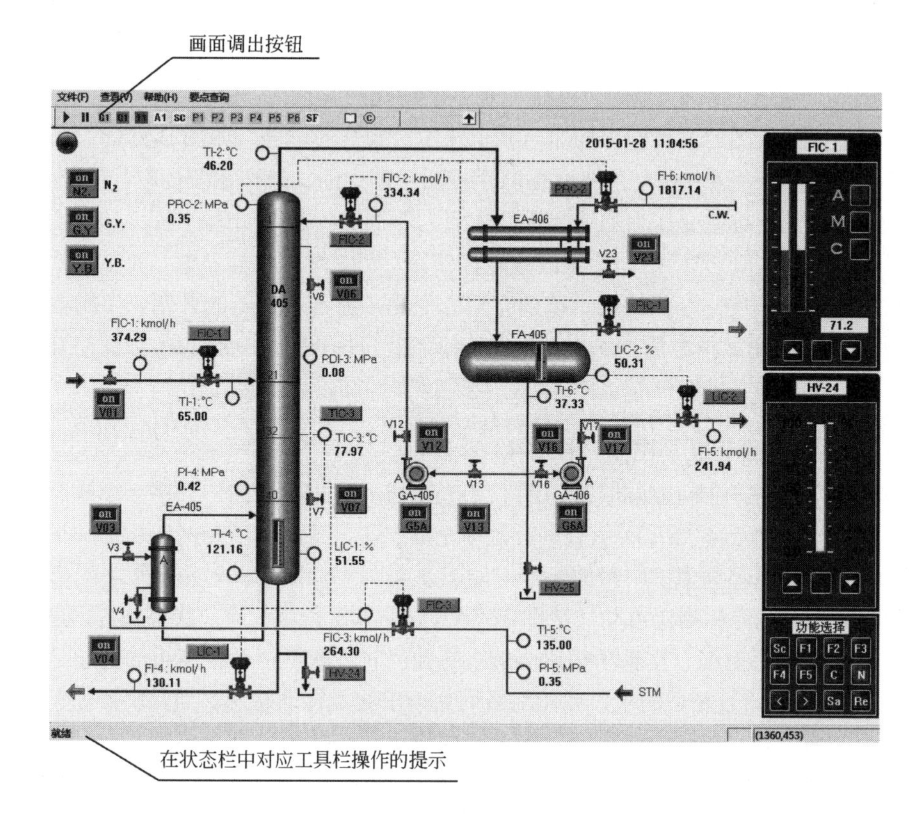

图 2-1　工具栏和状态栏图例

为红色），关状态为“off ”（背景为绿色）。

（2）手操器位图（图 2-3）

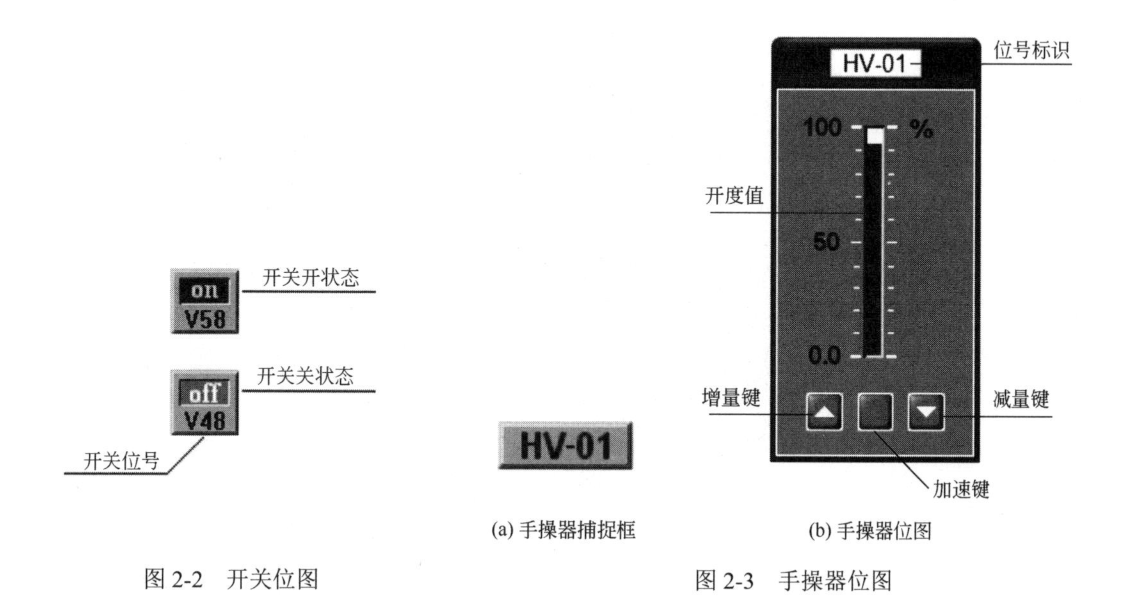

(a) 手操器捕捉框　　(b) 手操器位图

图 2-2　开关位图

图 2-3　手操器位图

操作方法 用鼠标控制画面中的光标。当光标进入流程图画面中的某一个标有位号的手操器捕捉框时，如图 2-3（a）所示（“HV”表示手动阀门），单击鼠标左键一次，在流程图画面右边上部手操器位图的位号标识处即会显示选中手操器的位号，如图 2-3（b）所示。此时可以对该手操器进行任意操作。当光标指向手操器位图中的加速按钮图标时，单击鼠标左键，加速状态翻转。键位颜色变红为加速状态，变蓝为非加速状态。加速状态以 10%增减，非加速状态以 0.5%增减。当光标指向增量或减量按钮图标时，单击鼠标左键，每按一次，手操器的输出增加或减少一次，红色的指示棒图会随之变化，显示手操器的开度。手操器的上、下限统一规定为 0～100%相对量。注意：操作节奏增加了 1s 的滞后，模拟实际阀门开启与关闭的时间滞后。在新的手操器位号选中之前，该手操器始终可以任意操作。

（3）控制器（调节器）**位图**（图 2-4）

操作方法 用鼠标控制画面中的光标，当光标进入流程图画面中的某一个标有位号的控制器捕捉框时，如图 2-4（a）所示，单击鼠标左键一次，在流程图画面右边上部控制器位图的位号标识处即会显示选中控制器的位号，如图 2-4（b）所示。此时用户可以对该控制器进行任意操作。当控制光标指定自动按钮图标“A”时，单击鼠标左键，状态翻转，进入自动状态，自动按钮的颜色变红，且手动按钮“M”的颜色同步变蓝。设定串级的方法是使串级按钮“C”的颜色变红，且相关的主、副控制器均处于串级及自动状态。当控制器处于手动状态时，位图中的增、减按钮和加速按钮对输出产生作用。当控制器处于自动状态时，位图中的增、减按钮和加速按钮对给定产生作用。增减的百分比同手操器。控制器的输入值由绿色棒图指示，控制器的给定值由红色棒图指示，输出值由方框中的数字显示。输出值统一规定为 0～100%。输入值和给定值的上、下限一致。处于手动状态时，给定值跟踪输入值。在新的控制器位号选中之前，该控制器始终可以任意操作。

（4）功能选择键盘（图 2-5）

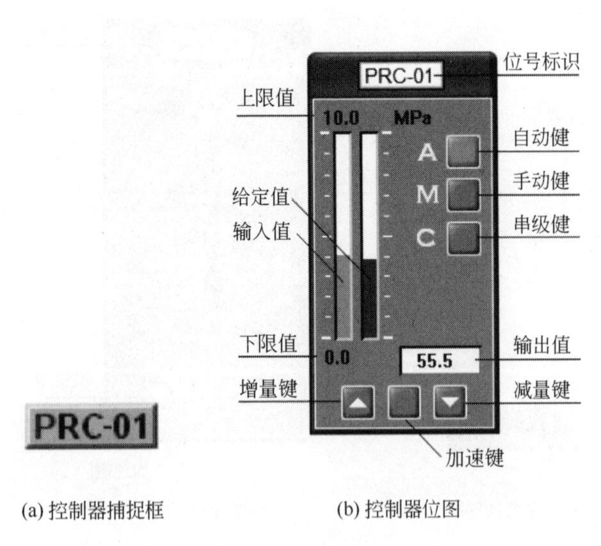

(a) 控制器捕捉框　　(b) 控制器位图

图 2-4　控制器位图

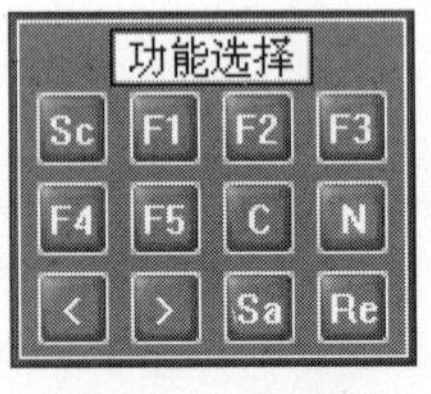

Sc 开车评分　　C 冷态工况
F1 第 1 事故　　N 正常工况
F2 第 2 事故　　< 时标减慢
F3 第 3 事故　　> 时标加快
F4 第 4 事故　　Sa 存入快门
F5 第 5 事故　　Re 读出快门

图 2-5　功能选择键盘操作说明

操作方法 选择功能为按钮模式，用鼠标直接选择操作。功能选择按钮位于流程图画面和控制组画面的右下方。功能选择位图中有 12 个按钮，它们分别对应 12 种功能选择，如图 2-5 所示。当光标移至任何一个按钮上，单击鼠标左键，该按钮图标颜色加深，表示该功能被选中。例如，单击“N”按钮，软件运行自动进入正常工况状态；单击“C”按钮，软件运行自动进入冷态工况状态；单击“Sc”按钮，会在画面的中部弹出开车评分位图，此时程序冻结，直到按“空格”键，评分位图关闭，软件继续运行；单击“F1”至“F5”，通常应先单击“N”，在正常工况下分别引入 5 种事故，以便进行事故训练；单击“＞”或“＜”，可以使软件的运行时标加快一倍或减慢一倍；单击“Sa”，可以记忆单击时刻的工况；单击“Re”，可以再现所记忆的工况。

注意：若考核软件的正常工况“N”按钮取消，即没有调出正常工况的功能。此外，“记忆”和“再现”按钮也取消。

（5）键盘热键

为了简化操作，方便使用，软件仅设有 4 个键盘热键。如图 2-6 所示，当报警画面中的报警点闪烁时，按“Shift”键为报警确认键，表示操作员已经知道报警内容，并且报警点停止闪烁。如果出现报警而没有按报警确认键，即使报警状态恢复正常，该报警点仍然闪烁，提示该报警点出现过异常，但操作员没有关注。“空格”键是在选择功能键“Sc”处于显示开车评分且软件运行冻结时，退出评分显示模式所使用的热键。“←”和“→”是标有箭头的热键，在趋势画面中用于长时间挡或短时间挡的切换。

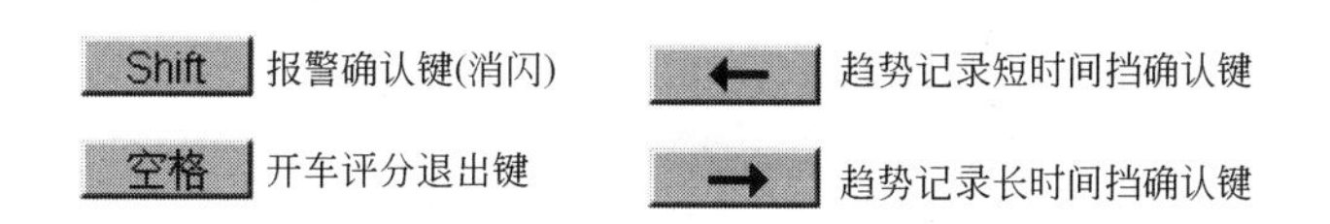

图 2-6　键盘热键说明

（6）开车成绩显示位图

开车成绩显示位图（图 2-7）用于显示开车成绩，不涉及任何操作。本报告是从冷态工况开始直到正常工况的操作评分，包括开车步骤是否正确，出现过多少次报警，达到正常工况后各重要参数与设计值偏差程度的评价。因此，本位图必须在开车达到正常工况且稳定后再导出。

开车自动评分

1	开车步骤成绩	37.00
2	开车安全成绩	84.0
3	正常工况质量	60.00
4	开车总平均成绩	60.33

图 2-7　开车成绩显示位图

3. 流程图画面

流程图画面中有与实操操作有关的化工设备和控制系统的真实二维图形、位号及数据的实时显示。本画面是主操作画面，在此画面中可以完成控制室与现场全部仿真实操的手动和自动操作。流程图画面中的操作内容如下。

① 通过开关位图完成开关操作。“开关”在此表示一类操作，例如电机、电钮的开与关，快开阀门的开与关，联锁保护开关或者一系列操作步骤的完成。

② 通过手操器位号捕捉框（选定标牌）导出手操器位号，然后用鼠标完成 0～100%的增量或减量操作，例如现场手动阀门、烟道挡板的开启或关闭。

③ 通过控制器位号捕捉框（选定标牌）导出控制器位号，然后用鼠标完成自动、手动切换，自动状态下的给定值调整，串级设定，手动状态下的输出值调整任务。

流程图画面示例如图 2-8 所示。

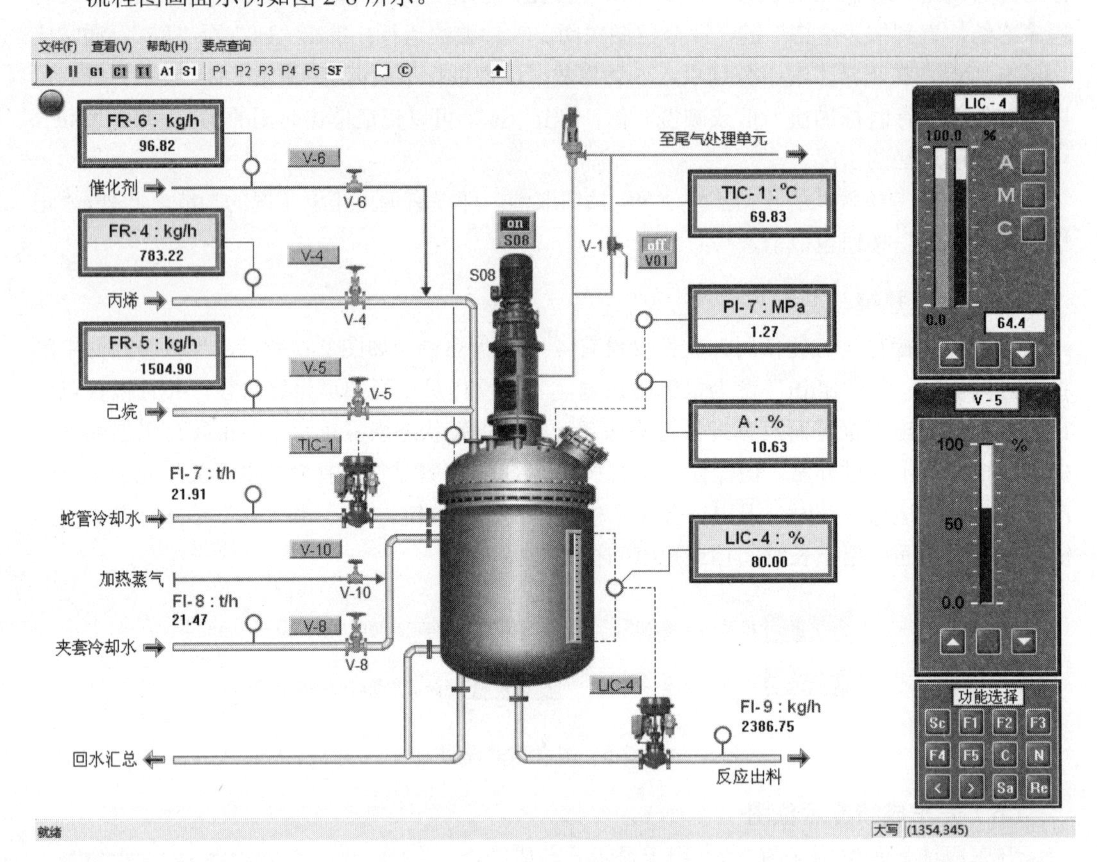

图 2-8　流程图画面示例

4. 控制组画面

控制组画面是集中控制器位图的画面。考虑到有些流程少的软件控制器少，在控制组画面中辅以手操器、开关或指示器以便提高操作效率。所有控制器、手操器和开关上的按钮图标都能直接单击操作。控制组画面示例如图 2-9 所示。

5. 趋势组画面

每幅画面最多显示 6 条记录曲线，设长时间和短时间两挡，由键盘上的“←”和“→”键控制。每条曲线的右边框为当前值。趋势组画面示例如图 2-10 所示。

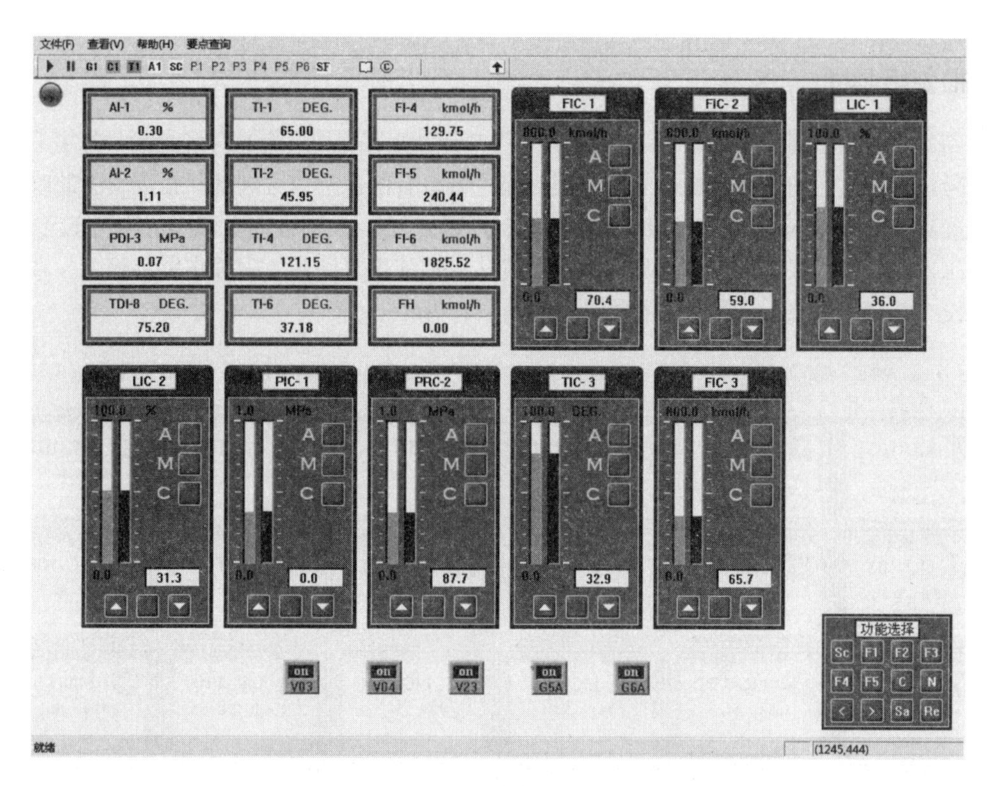

图 2-9　控制组画面示例

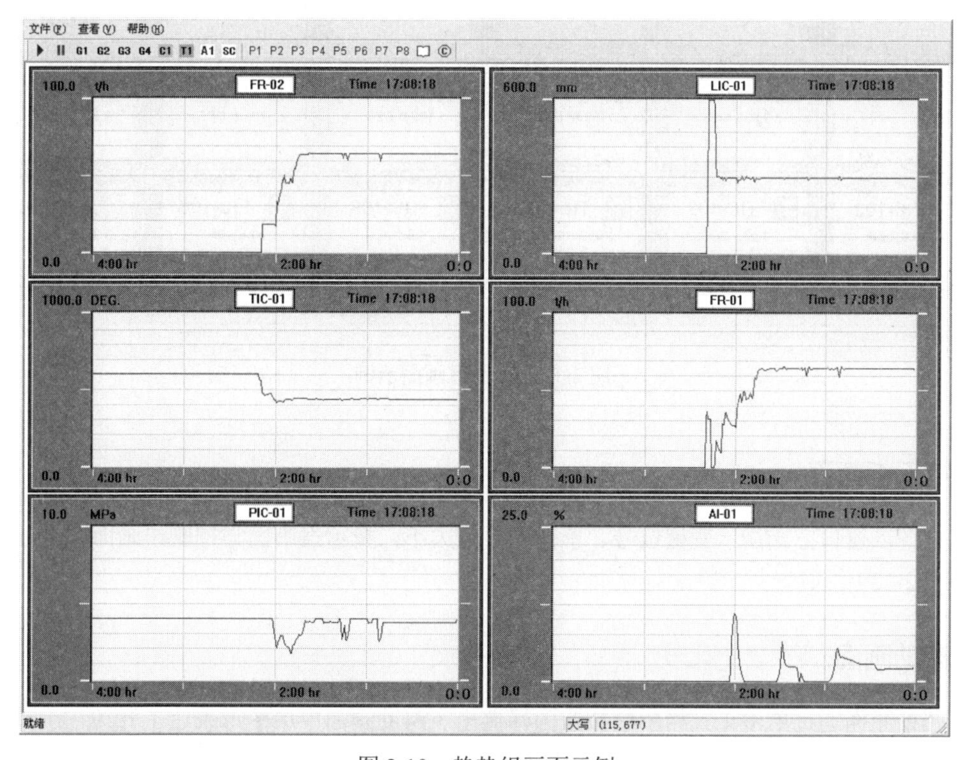

图 2-10　趋势组画面示例

6. 报警组画面

每幅报警组画面最多显示36个报警点。当某点超限报警时，会有闪烁提示。若超下限对应位号，有粉红色的信号闪动；若超上限对应位号，有红色的信号闪动。报警发生的时间记录精确到秒。按“Shift”键为“报警确认”，信号闪动停止，与实际的报警确认操作完全一致。正常工况信号块为绿色。如果操作员不予以确认，即使恢复正常，闪烁也不会停止，表示操作员没有关注该报警。报警组画面的示例如图2-11所示。

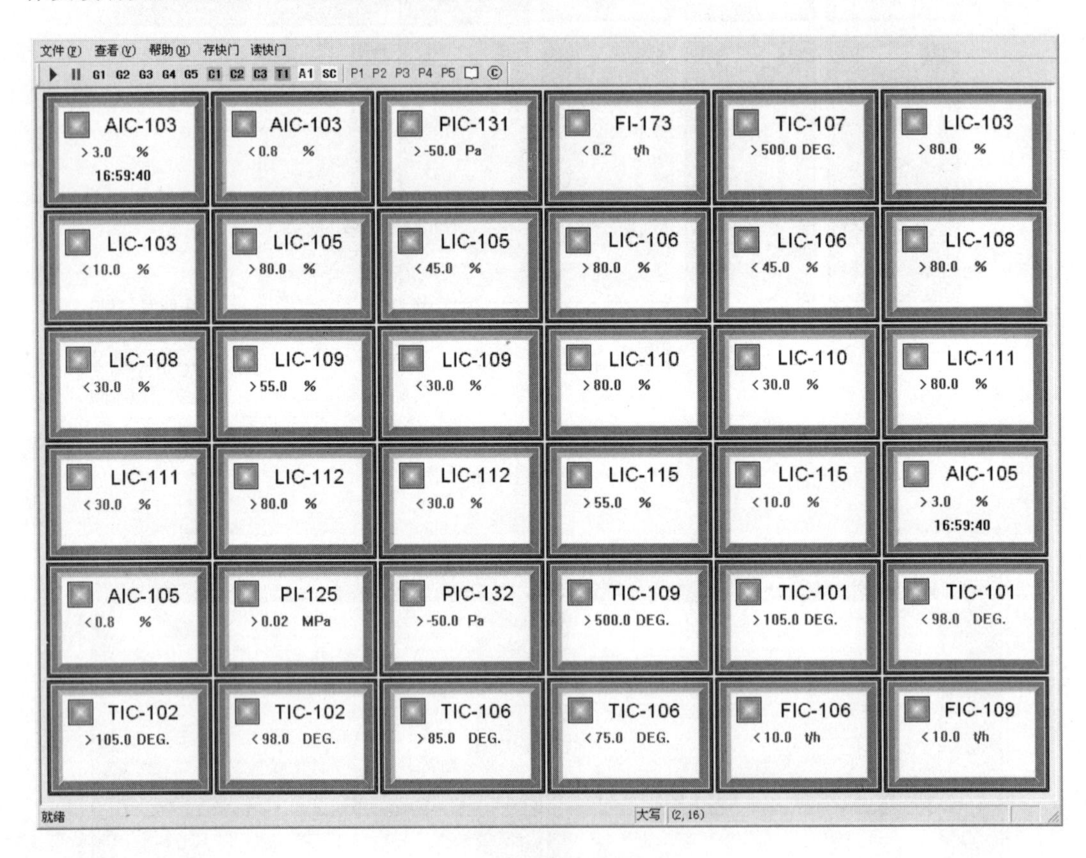

图2-11 报警组画面示例

7. 指示组画面

位图以窗口方式指示变量位号、单位和数值大小。指示组画面与控制组画面联合显示示例如图2-12所示。

8. 帮助画面

帮助画面通过单击工具栏中的按钮图标调出。帮助画面中用图形表达了开关、手操器、控制器、功能选择键盘和4个热键的使用说明。帮助画面示例如图2-13所示。

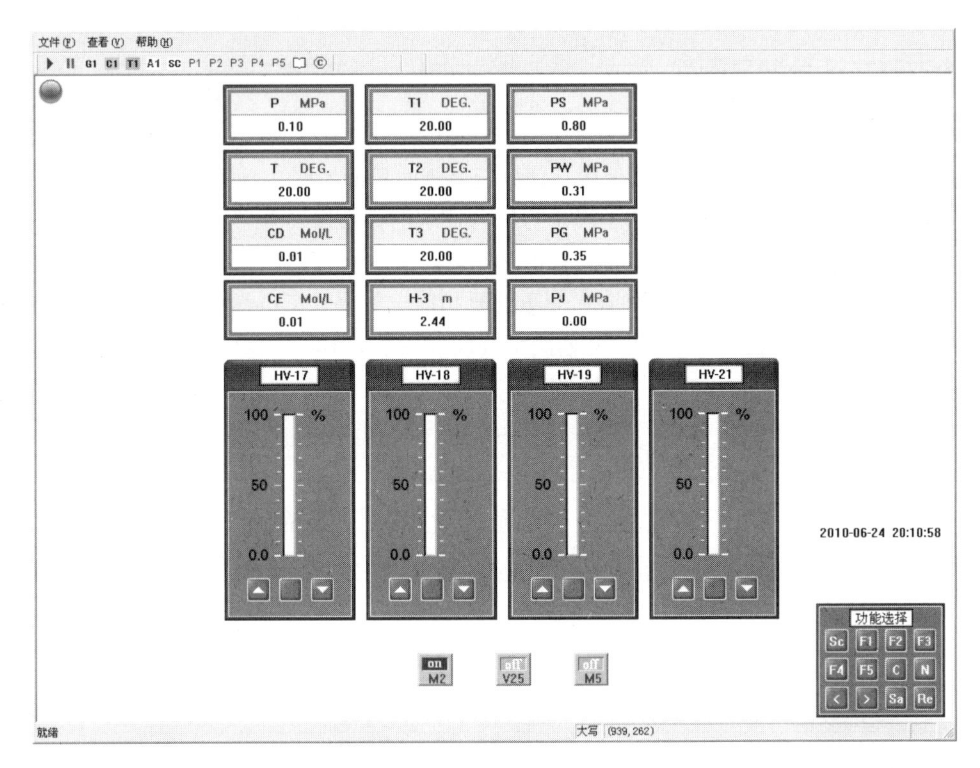

图 2-12　指示组画面示例

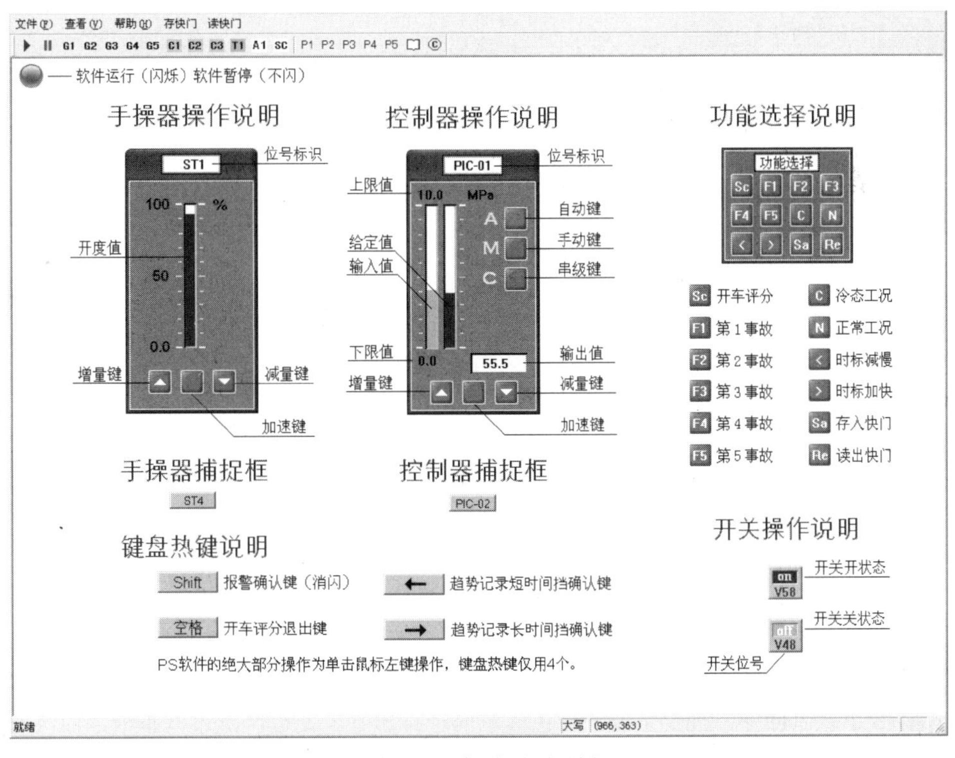

图 2-13　帮助画面示例

9．冷态开车评分记录画面

冷态开车评分记录画面通过单击“工具栏”中的按钮“SC”调出。本画面显示当前的评分细节，供教师评价学员开车成绩使用。评分记录画面示例如图 2-14 所示。实操的总成绩是开车步骤是否符合安全规程、正常工况是否符合要求的标准以及开车安全成绩的三者平均分值。开车安全成绩是依据开车全过程运行的稳定性、超限报警的次数以及报警所涉及工况异常的严重程度综合评估，在起始的 100 分里随时扣除。如果开车过程稳定安全，可以保持得到 100 分，即安全必须做到 100%。其他两个成绩有意不给 100 分，至多 99 分，意在鼓励继续努力。

图 2-14 冷态开车评分记录画面示例

10．事故排除评分记录画面

事故排除评分记录画面通过单击“工具栏”中的按钮图标“SF”调出。画面示例如图 2-15 所示。每个操作单元都设定 5 种典型的有针对性的事故。学员在功能选择的事故代码按钮“F1”至“F5”中任选。当前选择的事故代码按钮变为红色，指示正在运行的事故工况。调出的事故排除评分记录画面中，凡是出现“红色”水晶球标志者，是已经选过的事故，但没有得到满分（每一项 20 分）。若该项得到满分，则出现“蓝色”水晶球标志。考核时只记录一个事故排除成绩。当选择其他事故时，当前的事故被覆盖。允许重选事故，但所有操作和得分从零开始。事故排除评分要点，详见**附录一**。

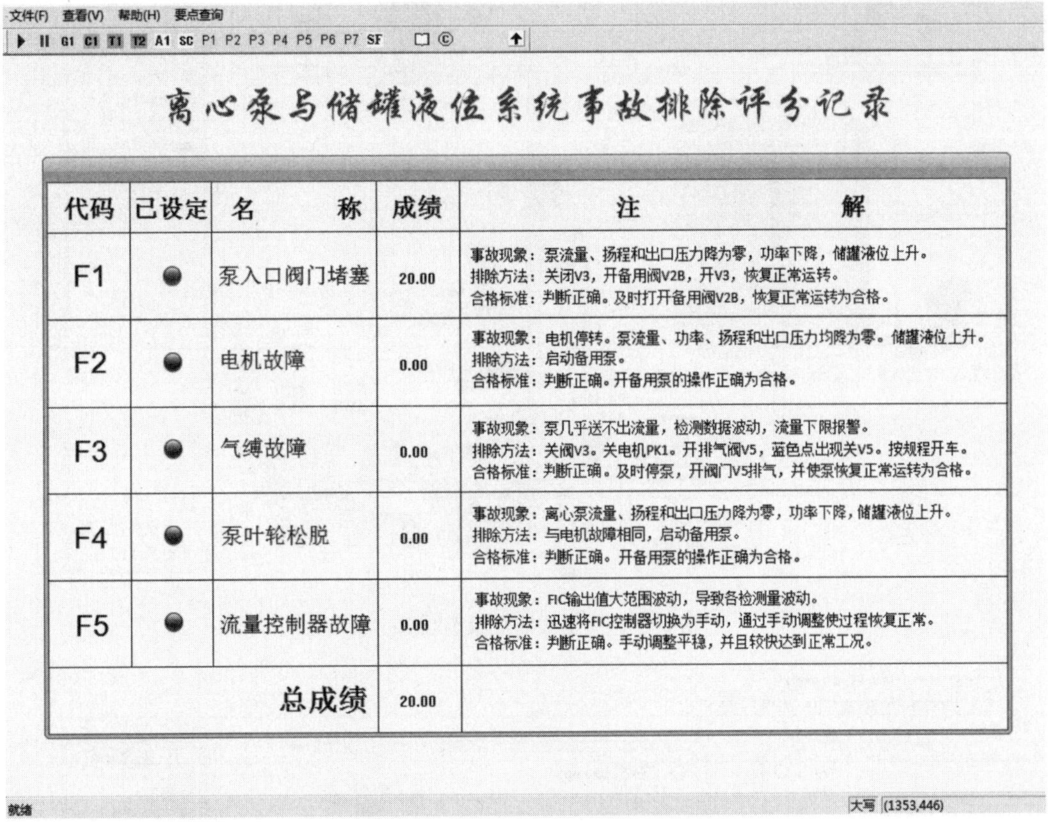

文件(F) 查看(V) 帮助(H) 要点查询

▶ II G1 C1 T1 T2 A1 SC P1 P2 P3 P4 P5 P6 P7 SF

离心泵与储罐液位系统事故排除评分记录

代码	已设定	名　　称	成绩	注　　解
F1	●	泵入口阀门堵塞	20.00	事故现象：泵流量、扬程和出口压力降为零，功率下降，储罐液位上升。 排除方法：关闭V3，开备用阀V2B，开V3，恢复正常运转。 合格标准：判断正确。及时打开备用阀V2B，恢复正常运转为合格。
F2	●	电机故障	0.00	事故现象：电机停转。泵流量、功率、扬程和出口压力均降为零。储罐液位上升。 排除方法：启动备用泵。 合格标准：判断正确。开备用泵的操作正确为合格。
F3	●	气缚故障	0.00	事故现象：泵几乎送不出流量，检测数据波动，流量下限报警。 排除方法：关阀V3。关电机PK1。开排气阀V5，蓝色点出现关V5。按规程开车。 合格标准：判断正确。及时停泵，开阀门V5排气，并使泵恢复正常运转为合格。
F4	●	泵叶轮松脱	0.00	事故现象：离心泵流量、扬程和出口压力降为零，功率下降，储罐液位上升。 排除方法：与电机故障相同，启动备用泵。 合格标准：判断正确。开备用泵的操作正确为合格。
F5	●	流量控制器故障	0.00	事故现象：FIC输出值大范围波动，导致各检测量波动。 排除方法：迅速将FIC控制器切换为手动，通过手动调整使过程恢复正常。 合格标准：判断正确。手动调整平稳，并且较快达到正常工况。
		总成绩	20.00	

就绪　　大写 (1353,446)

图 2-15　事故排除评分记录画面示例

11. 安全关注点查询画面

安全关注点查询画面通过单击菜单栏中的“要点查询”调出。本画面对培训科目的工艺单元参照国内外安全标准，突出典型危化工艺单元的主要危险，在工艺流程图画面上直接查询。画面示例如图 2-16 所示。在流程图的相关位置设有标以序号的“红色水晶球”，当光标指向某个水晶球时，其颜色变蓝，同时在右端“安全关注点”栏中显示重要安全信息和事故预防要领。

12. 冷态开车要点查询画面

冷态开车要点查询画面也是通过单击菜单栏中的“要点查询”调出来的。为了帮助学员熟悉冷态开车步骤，可以在工艺流程图画面上直接查询。画面示例如图 2-17 所示。在流程图中与操作相关的位置设有标以序号的“蓝色水晶球”，序号与操作步骤对应。当光标指向某个水晶球时，其颜色变红，同时在右端“开车要点”栏中显示简要开车步骤。开车要点见**附录二**。

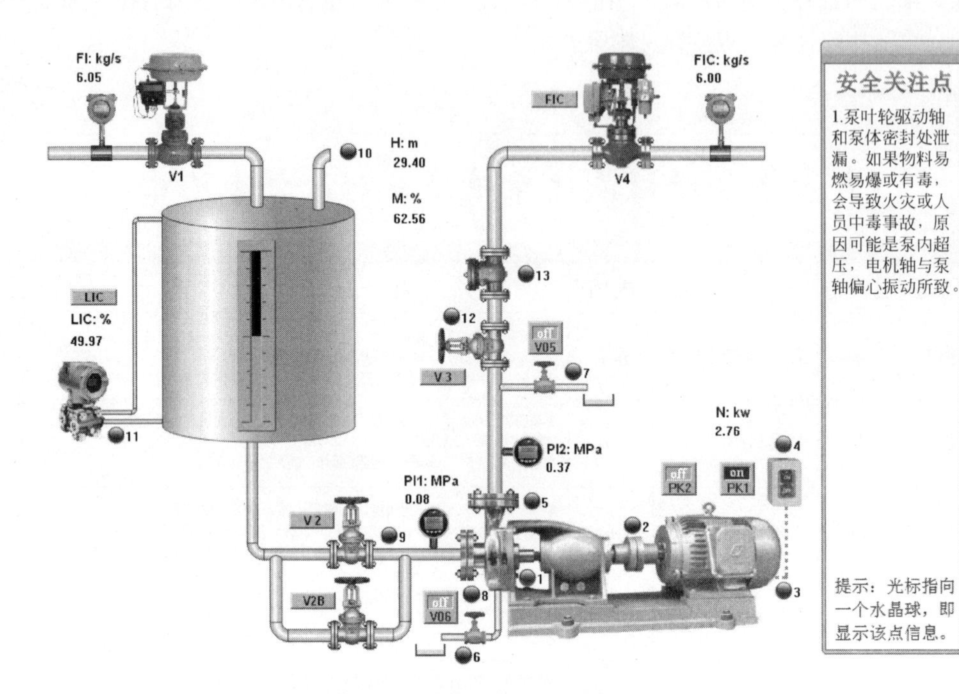

图 2-16　安全关注点查询画面示例

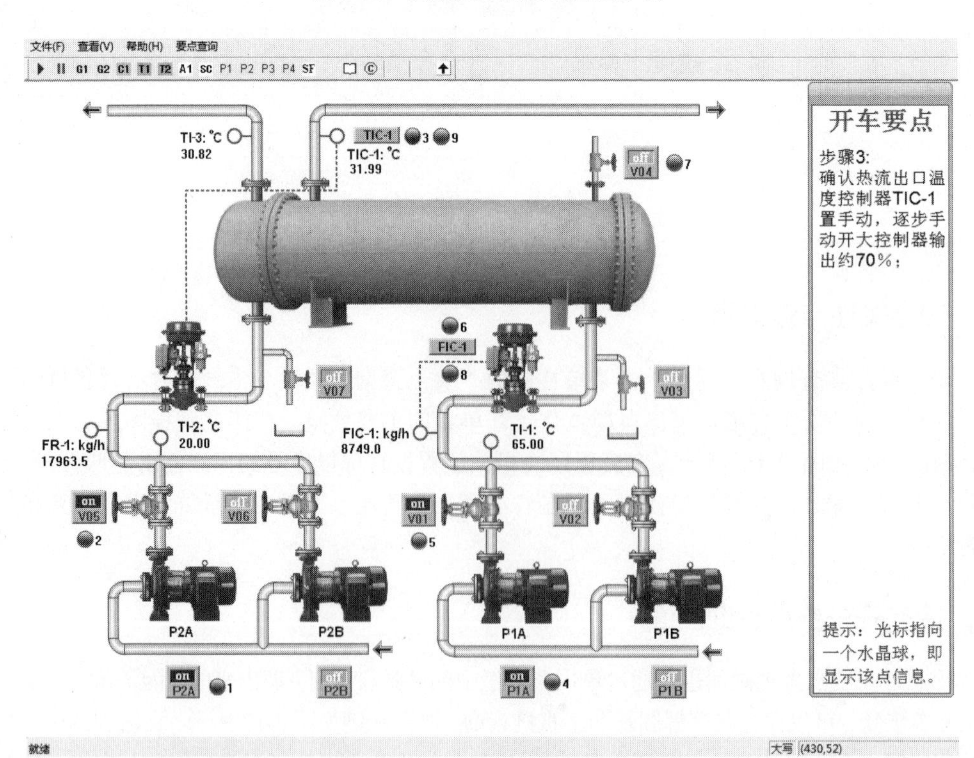

图 2-17　冷态开车要点查询画面示例

软件搜集了大量高清化工静设备、化工动设备和自动化仪表图，并包括设备的内部结构图，可帮助学员增长实践知识，图 2-18 和图 2-19 是其中的示例。

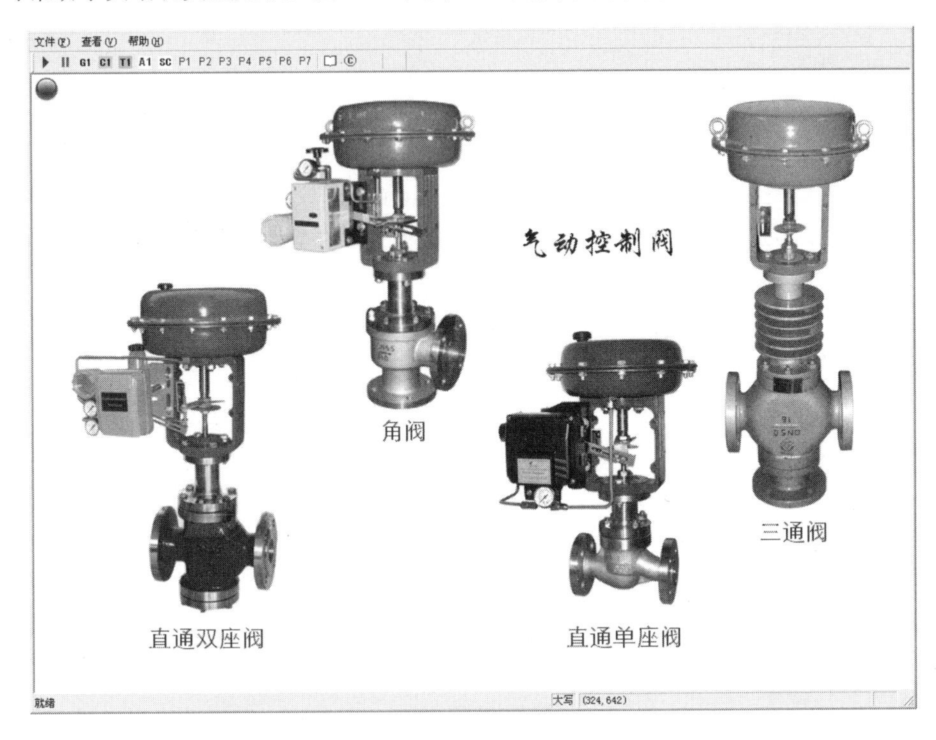

图 2-18　多种气动控制阀画面示例

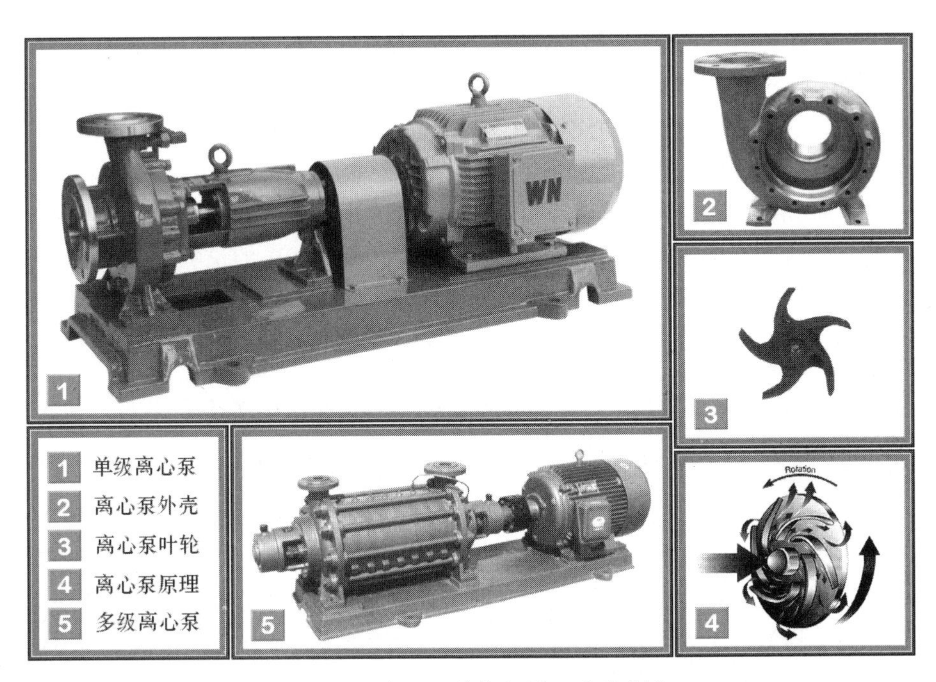

图 2-19　离心泵结构和原理画面示例

二、化工过程操作要点

仿真实操训练可以使学员在短时期内积累较多化工过程安全操作的经验，这些经验还能反映学员理论联系实际和分析问题解决问题的综合水平。根据跟踪大量学员使用本仿真实操软件的调查结果，发现在一些共性问题上学员容易混淆概念或不知如何思考。针对这些问题，特总结出如下化工过程操作要点，供教师和学员们参考。本节通过举例给出简要提示，读者可参考这些要点在仿真实操过程中触类旁通。

1. 熟悉工艺流程，熟悉操作设备，熟悉控制系统，熟悉开车规程

虽然是仿真实操，但也必须在动手开车之前达到“四熟悉”。这是运行复杂化工过程之前应当牢记的一项原则。

熟悉工艺流程即应读懂带指示仪表和控制点的工艺流程图。本仿真软件的流程图画面已非常接近工艺流程图，工程设计中称此图为 P&ID 图（即管道仪表流程图，也称带控制点的流程图）。还应当记住开车达到正常设计工况后的各重要参数，如压力 p、流量 F、液位 L、温度 T、分析检测变量 A，再如组成成分、百分浓度等具体的量化数值。若有条件了解真实系统，应当对照 P&ID 图确认设备的空间位置、管路的走向、管道的直径、阀门的位置、检测点和控制点的位置等。此外，有可能还应进一步了解设备内部的结构。

操作设备是开车时所涉及的所有控制室和现场的手动、自动执行机构，如控制室的控制器（又称调节器）、遥控阀门（操作器）、电开关、事故联锁开关等，现场的快开阀门、手动可调阀门、烟道挡板、控制阀（又称调节阀）、电开关等。在仿真开车过程中要频繁使用这些操作设备，因此必须熟悉有关操作设备的位号及其在流程中的位置、功能和所起的作用。

自动控制系统在化工过程中所起的作用越来越大，已成为整个系统的重要组成部分，如果不了解自动控制系统的作用原理及使用方法，就无法实施开车、停车和事故排除操作。

开车规程通常是在总结大量实践经验的基础上，考虑到生产安全、节能、环保等多方面的因素而提出的规范，这些规范体现在本软件的开车步骤与相关的说明中。熟悉开车规程不应当死记硬背，而应当在理解的基础上加以记忆。仿真开车时往往还要根据具体情况，例如阀门开启/关闭的顺序、开度大小、时间差等灵活处理，这与真实系统开车完全相同。

2. 分清调整变量和被调变量，分清是直接关系还是间接关系

在使用控制器（调节器）的自动控制场合，必须从概念上做到两个分清。

第一个分清是分清调整变量和被调变量。所谓调整变量是指控制器（调节器）的输出所作用的变量。通常控制器（调节器）的输出信号连接到执行机构，例如控制阀（调节阀）上。执行机构所作用的变量为调整变量。被调变量通常是指控制器（调节器）的输入或者说是设置控制器（调节器）所要达到的目的，即控制器（调节器）是通过调整变量的作用使被调变量达到预期的值。简而言之，调整变量是原因，被调变量是结果。例如，在离心泵仿真软件

的离心泵出口流量控制回路 FIC 中，调整变量是泵出口流量管线上控制阀（调节阀）的开度，被调变量是泵的出口流量，通过孔板流量计实测的压差来度量；在离心泵上游的储罐液位控制回路 LIC 中，调整变量是从上游进入储罐的水流量，被调变量是储罐的液位；在热交换器热流温度控制回路 TIC-1 中，调整变量是管程冷却水入口流量，被调变量是壳程热流出口温度。

第二个分清是分清调整变量与被调变量是直接关系还是间接关系。直接关系是指调整变量和被调变量同属一个变量。例如，离心泵出口流量控制回路 FIC，其输入是泵出口流量，其输出亦作用于该流量。若调整变量和被调变量不是同一个变量，则称为间接关系。例如，热交换器温度控制回路 TIC-1 的被调变量是热物料出口温度，调整变量是冷却水流量。又如，在加热炉温度控制回路 TRC-01 中，调整变量是两个主燃烧器供气流量（燃烧负荷），被调变量是物料出口温度。

3. 分清强顺序性操作步骤和非顺序性操作步骤

强顺序性操作步骤是指操作步骤之间有较强的顺序关系，操作先后顺序不能随意更改。要求强顺序性操作步骤主要有两个原因：第一，考虑到生产安全，若不按操作顺序开车会引发事故；第二，由于工艺过程的自身规律，若不按操作顺序就开不了车。

非顺序性操作步骤是指操作步骤之间没有顺序关系，操作先后顺序可以随意更改。

本仿真软件对强顺序性操作装有严格的步骤评分程序，如果不按顺序操作，后续的步骤评分可能为零。当然，有的情况不按操作顺序可能根本就开不起来，或引发多种事故。例如，离心泵和往复压缩机若不按低负荷起动规程开车，步骤分就得不到；往复压缩机不先开润滑油系统就冲转，加热炉中无流动物料就点火升温，必然会导致轴瓦超温和炉管过热事故；脱丁烷塔回流罐液位很低时就开全回流，必然会抽空。这均是工艺过程的自身规律。间歇反应前期的备料工作，先备哪一种都可以，因此这是非顺序性的。往复压缩机冲转前的各项准备工作大多也是非顺序性的。

4. 阀门应当开大还是关小

当手动操作一个控制阀（调节阀）或一个手操阀时，首先必须搞清该阀门应当开大还是关小。阀门的开和关与当前所处的工况以及工艺过程的结构直接相关。以离心泵上游的储罐液位系统为例，液位控制器（调节器）LIC 输出所连接的控制阀（调节阀）在储罐上方入口管线上，该阀门为气开式。当液位超高时，控制阀（调节阀）应当关小，此时储罐入口和出口的水都在连续地流动着。只有当入口和出口流量相等时，储罐液位才能稳定在某一高度。如果液位超高，通常是入口流量大于出口流量，导致液位向上积累，所以必须适当关小入口阀。液位超过给定值，控制器（调节器）呈现正偏差，此时若输出信号减小，称之为反作用。若控制阀（调节阀）安装在出口管线上，情况正相反，称之为正作用。

其他有关实例如下：热交换器热流温度 TIC-1 超高，安装于冷流入口的控制阀（调节阀）应开大，属于正作用；连续反应的液位控制，如果液位超高，控制阀（调节阀）（气开）应开大，属正作用；当精馏回流罐顶放空阀开大时，塔压下降，属正作用。

综上所述，当阀门处于设备上游时，若设备的液位或压力超高，应当关小阀门；若阀门处于设备下游，应当开大阀门。

至于系统温度变化，应具体分析工艺原理，分清阀门控制的是加热介质还是冷却介质，阀门的安装位置在何处，才能确定阀门的开或关。

5. 把握粗调和细调的分寸

当手动操作阀门时，粗调是指大幅度开或关阀门，细调是指小幅度开或关阀门。粗调通常是当被调变量与期望值相差较大时采用。细调是当被调变量接近期望值时采用。粗调和细调在本软件中体现为手操器和控制器（调节器）的输出使用快挡或慢挡。执行机构的细调是有限度的，只能达到一定的允许精度。当工艺过程容易产生波动时，或在压力和热负荷大幅度变化会造成损伤或不良后果的场合，粗调的方式必须慎用，小量调整才是安全的方法。此外，当有些情况尚不清楚阀门是应当开大还是关小时，更应小量调整，待找出解决方法后，再行大负荷处理。

例如，间歇反应中的多硫化钠制备，首先要向敞开式反应器中加入水。开始时，反应器是空的，可以全开阀门，大流量进料。当料位接近期望值时，应提前关小阀门细调。这种方式既可以节省时间，又可以在关键时刻保证计量的准确度。然而，对于反应器这种存在重大危险的装置，在控制反应温度和反应压力时，几乎都必须用细调方式，不得大幅度操作。

6. 操作时切忌大起大落

大型化工装置无论是流量、物位、压力、温度或组成的变化，都呈现较大的惯性和滞后特性。初学者或经验不足的操作人员经常出现的操作失误就是工况的大起大落。典型的操作行为是当被调变量偏离期望值较大时，大幅度调整阀门。由于系统的大惯性和大滞后，大幅度的调整一时看不出效果，因此继续大幅度开阀或关阀。一旦被调变量超出期望值，又急于扳回，走入反向极端。这种反复的大起大落形成了被调变量在高、低两个极端位置的反复振荡，很难将系统稳定在期望的工况上。

正确的方法是：每进行一次阀门操作，应适当等待一段时间，观察系统是否达到新的动态平衡。权衡被调变量与期望值的差距再进行新的操作。越接近期望值，越应进行小量操作。这种操作方法看似缓慢，实则是稳定工况的最快途径。任何过程变化都是有惯性的。有经验的操作人员总是具备超前意识，故能操作有度，能顾及后果。

值得一提的是，有些操作人员由于急于求成，在控制器（调节器）处于自动状态下反复改变给定值，造成控制器（调节器）只要有偏差就有输出，因此难于稳定下来，适得其反。这是因为控制器（调节器）的 PID 作用也是有惯性的，需要一个过渡过程。

7. 首先了解变量的上下限

“要想过河，先知深浅”。同理，装置开车前，操作人员应先了解变量的上、下限。比较直接方便的方法是先考察控制器（调节器）和指示仪表的上、下限，这是变量最大的显示范围。在仪表上、下限内，变量的报警还进一步划分为高限（H）和高高限（HH）、低限（L）

和低低限（LL）。其含义是给出两个危险界限，若超出第一个界限，先警告一次，提醒注意；若超第二个界限，则必须立即加以处理。

进一步，操作人员还应了解各变量在正常工况时允许波动的上下范围。这个范围比报警限要小。不同的装置及不同的变量对这个范围的要求可能有较大的区别。例如，除计量之外，一般对液位的波动范围要求不高。但是，有些变量的变化对产品质量非常敏感，因此限制非常严格。例如，脱丁烷塔灵敏板温度变化零点几度，对全塔的工况都有明显的影响。

各控制阀（调节阀）的阀位与变量的上、下限密切相关。通常在正常工况时，阀位设计在50%～60%，使其上下调整有余地，且避开阀门开度在10%以下和90%以上的非线性区。

8. 首先进行开车前准备工作，再行开车

开车前的准备工作繁琐、细致，哪些工作顾及不到都会给开车和开车后的运行造成隐患，因此开车前的准备工作是开车前的重要环节。为了提高教学效率，突出重点操作，仿真系统往往忽略开车前的准备工作，但这不意味着开车前的准备工作不重要。为了强调开车前准备工作的重要性，仿真软件中设置了开车前必须检查阀位和控制器（调节器）状态的评分。部分软件用开关表示若干开车前重要的准备工作。若这些开关忘记开启，则后续的步骤评分可能为零。

开车前的准备工作一般有如下几项。

① 管道和设备探伤及试压　试压可用气压和水压两种。水压比较安全。

② 拆盲板　设备检修和试压时，常在法兰连接处加装盲板，以便将设备和管道分割阻断。开车前必须仔细检查，拆除所有盲板，否则开车时会引发许多问题。

③ 管道和设备吹扫　设备安装和检修时，管道和设备中会落入焊渣、金属屑、泥沙等物，甚至会不慎落入棉纱、工具等异物。因此，开车前必须对管道和设备进行气体吹扫，清除异物。

④ 惰性气体置换　凡是系统中有可燃性物料的场合，开车前必须用惰性气体（通常是氮气）将管道和设备中的空气置换出去。其目的在于防止开车时可能出现的燃烧或爆炸。除此之外，如果管道和设备中的空气会使催化剂氧化变质或影响产品的纯度或质量，也必须进行惰性气体置换。

⑤ 仪表校验、调零　所有仪表包括一次仪表、二次仪表及执行机构以及仪表之间的信号线路，都必须完成校验或调零，使其处于完好状态。

⑥ 公用工程投用　公用工程包括水、电、气、仪表供电、供风等，开车时，这些都必须投用且处于完好状态。压缩机系统应首先开润滑油系统。蒸汽透平必须先开复水系统。

⑦ 气、液排放和干燥　凡是生产过程所不允许存在的气体或液体，都必须在开车前排放干净。一些不得有水分存在的场合，还必须进行系统的干燥处理。例如，加热炉的燃料气管线开车前必须排放并使管线中全部充满燃料气；蒸汽管线开车前必须排凝液；离心泵开车前排气是为了防止气缚；热交换器开车前排气是为了提高换热效率；常压减压蒸馏原油热循环是为了除掉水分。

对于一些装置，开车前还有一些特殊的处理，如大型合成氨转化的催化剂活化等，在此就不一一列举了。

9. 蒸汽管线先排凝后运行

蒸汽管线在停车后管内的水蒸气几乎都冷凝为水，因此在开车向设备送蒸汽前必须先排凝。如果不排凝，这些冷凝水在管线中被蒸汽推动而持续加速，甚至会达到很高的速度，进而冲击弯头和设备，影响设备的寿命。

10. 高点排气，低点排液

依据气体往高处走、液体往低处流的原理，化工设备和管路几乎都在高点设置排气阀，在低点设置排液阀。通常开车时要高点排气，停车时要低点排液。例如，离心泵开车时必须进行高点排气，以防气缚；停车后进行低点排液，在北方地区以防冬天冻裂设备或锈蚀。热交换器开车时必须进行高点排气，以防憋气，减小换热面积；停车后管程与壳程都要排液。

11. 跟着流程走

开车训练时，最忌讳的学习方法是跟着说明书的步骤走，不动脑，照猫画虎，这样会导致训练完成后还是不知所以然。正确的学习方法是要开动脑筋，先熟悉流程，而且每进行一个开车步骤都应搞清楚为什么要这样操作。对于复杂的化工装置，如果不熟悉流程，不搞清物料流的走向及来龙去脉，开车的各个步骤都可能误入非正常工况。开车规程只是一种特定的开车方法，无法对各种复杂的工况都进行导向，因此，如果没有专门训练过的教员指导，新学员自行开车往往不能成功。熟悉流程的一种快捷方法就是“跟着流程走”。

12. 关联类操作

复杂的工艺过程往往仅靠一个操作点无法实施操作控制，而需要两个或两个以上操作点相互配合才能稳定工况。这种操作称为关联类操作。例如，加热炉提高热负荷，必须同时关注并调整物料出口温度、进料量、烟气氧含量、加热炉供风量等因素。连续反应过程进料量、催化剂量、反应温度、反应压力、转化率、冷却量都是密切相关的，任何一个变量有变化，都会影响其他变量，必须随时关注，统筹兼顾。

13. 先低负荷开车达正常工况，然后缓慢提升负荷

先低负荷开车达正常工况，然后缓慢提升负荷。无论对于动设备或者静设备，还是对于单个设备或者整个流程，这都是一条开车的基本安全规则。如电力驱动的设备，突发性加载会产生强大的瞬间冲击电流，容易烧坏电机。容器或设备的承压过程是一个渐进的过程，应力不均衡，就会造成局部损伤。设备对温度变化的热胀冷缩系数不一致，局部受热或受冷过猛，也会因为热胀冷缩不一致而损坏设备。

除以上原因外，对于过程系统而言，特别是新装置或大检修后，操作员对装置的特性尚不摸底，先低负荷开车，达正常工况后可以全面考验系统的综合指标，万一发生问题，低负荷状态容易停车，不会造成重大损失。

本套软件的所有单元和装置操作都强调先低负荷开车达正常工况，然后缓慢提升负荷的

原则。例如，离心泵必须在出口阀关闭的前提下低负荷启动，以防电机瞬间电流过大烧毁。往复压缩机采取全开负荷余隙阀的方法低负荷启动。加热炉点火后，通过控制燃料气的流量逐渐升温，达到正常工况后再逐渐提升炉管物料的负荷。精馏塔也必须遵循低负荷启动、再提升负荷的原则。大型合成氨转化，必须先通过旁路管线采用旁路阀低负荷开车，当工况正常后，才允许切换到主管线提升负荷。

14. 注意非直线特性关系

所谓直线特性关系是指自变量和因变量的函数关系是一次（直线）关系。然而在实际过程中变量之间的关系常常是非直线特性的，在操作上不能以直线特性的方式调整。例如，间歇反应的邻硝基氯化苯和二硫化碳高位计量槽（通大气）的下料过程，虽然下料阀开度不变，下料流量会随料位高度下降而减小。加热炉的烟气挡板与烟气含氧量的关系是非直线特性的。挡板在小开度和大开度时，即使操作增量相同，对含氧量的影响却不相同。常用的截止阀门，阀门开度和流量的关系也是非直线特性的。又如在物系出现相变时，系统变量之间的关系会出现突变，属于非线性变化。流量和压差呈现平方根关系。pH 值在中性点附近变化十分灵敏。组成在物系中的变化往往是非线性的。导致变量之间呈非直线特性关系更普遍、更主要的原因是过程系统中多因素综合作用的相互影响，因此，操作时在不同的状态和工况下，阀位的动作常常不是按固定的直线特性变化。

15. 过热保护

凡是接受辐射热的设备，开车期间都有过热保护问题。过热保护的主要方法是使接受辐射热的设备和管路内部必须有流动的物料，以便随时将热量带走，否则会因过热而影响设备和管路的使用寿命，甚至损坏。例如，加热炉点火前，炉管中必须有流动的物料。锅炉点火时，再循环阀必须打开，使省煤器中的水循环流动，以保护省煤器。再如，过热器疏水阀用于蒸汽并网前保护过热段炉管。在大型合成氨一段转化炉的对流段，有废热锅炉上水预热器、蒸汽过热器、第一工艺空气预热器、第二工艺空气预热器及物料预热器，在该炉点火升温时，都必须引入流动的水、蒸汽和氮气对这些设备进行过热保护。

依据同样的道理，设备和管道的局部过冷也要防止。例如，脱丁烷塔进料前先用 C_4 升压，以防进料闪蒸引起局部过冷。

16. 建立推动力的概念

差异就是推动力，差异越大，推动力越强。压力差是管道中流体流动的推动力。温差是热量传递的推动力。密度差实质上是压力之差，也是流动的推动力。力矩差是转动速度的推动力。建立推动力的概念，有助于操作决策。例如，加热炉开车的初始阶段，由于炉膛温度不高，使得烟气密度较大，与炉外空气的密度差小，推动力小，风量也较小。这可以从炉膛的负压大小看出来。随着炉膛温度上升，烟气密度减小，推动力加大，风量在挡板开度不变的前提下也会加大。同理，随着间歇反应釜内温度升高，即使夹套和蛇管的冷却水流量不变，换热量也会加大。蒸气透平的复水系统真空度越高，叶轮旋转推动力越大，热机效率越高。

17. 建立物料量的概念

物料处于液态和气态，其质量和体积有较大差别。通常，相同体积的同种物料，液态的质量比气态大得多。同理，相同质量的同种物料气态所占的体积比液态大得多。液体是不可压缩的，气体是可压缩的而且随温度变化，因此，高压下的气体比低压下的同种物料的气体质量大。同一管道中，若物料处于气液两相状态，则情况较为复杂，应知道气液各占的比例才能估算物料质量或体积。为了便于比较气体物料的流量，常用标准状态的体积流量为单位。若工艺过程的压力很高，则实际的体积流量要小。

18. 了解物料的性质

化工过程的物料种类繁多，性质各异，了解物料的性质，对于深入理解操作规程、安全运行化工装置和事故排除都有重要意义。例如，间歇反应中的二硫化碳具有流动性好、易挥发、易燃等特点，其密度比水大且不溶于水，因此存储时应用冷水作水封，这样既能防止挥发，又能起冷却作用。二硫化碳引发超压爆炸事故的主要原因是，此种物料随温度上升其饱和蒸汽压迅速上升。反应釜是密闭的，反应属放热反应，若不及时冷却，控制好反应温度，必定会导致超压爆炸。由于二硫化碳易挥发，因此反应釜进料完成后必须及时关闭放空阀，否则随着反应温度的上升，一部分二硫化碳会挥发掉，从而直接影响产物的收率。

19. 以动态观点理解过程的运行

在过程系统内，物质处于永恒的物理或化学变化之中。工艺运行的稳态工况并不是静止的概念，而是系统处于动态平衡时的状态。仿真软件为了使学员了解变量的准确值以及物料平衡及能量平衡的数据，没有引入随机扰动的影响。当系统进入稳定工况时，各参数看不出变化，此时千万不能误认为是静止状态。以动态观点理解过程运行，不但涵盖了全部单元操作和流程，也贯穿于运行过程的始终。

20. 利用自动控制系统开车

采用 PID 控制器（调节器）对过程系统进行自动控制，当系统受到扰动时，只要 PID 参数整定合理，其控制质量总比手动好，而且能持续不停地控制。因此，当手动将某一变量调到设计值后，如果有自动控制系统，最好立即投自动。特别在低负荷达到正常工况后需要提升负荷时，系统越复杂，流程越长，控制点越多，想使全系统平稳且较快地跟踪负荷提升越困难。这种操作的难点在于，负荷每进行一次小幅提升，全系统的各操作点都要调整一遍，操作员必须照顾到方方面面，顾及不到、跟踪不及时都会出现波动。这种情况利用自动控制系统自动跟踪，最能体现自动控制系统的强大作用。

例如，精馏塔当低负荷进料时，塔压、灵敏板温度、塔釜液位、回流罐液位以及回流流量都达到了正常工况值，并且处于自动控制状态。此时提升负荷比较方便，只要每手动提升一次进料量，充分等待各变量达到新的动态平衡时，就可以继续提升进料量。如此阶梯式上升直到进料达到设计负荷。若不投自动，全部靠手动，以上操作将既费时又费力，还可能出现不同程度的波动。

21. 控制系统有问题立即切换为手动

控制系统有问题立即切换为手动是一条操作经验。一般而言，手动遥控控制阀比自动控制时间滞后小，并且没有正弦衰减响应过程。但需要说明的是，控制系统的故障不一定出现在控制器（调节器）本身，也可能出现在检测仪表或执行机构或信号线路方面。切换为手动包括直接到现场手动调整控制阀（调节阀）或旁路阀。从这个意义上看，虽然利用控制系统开车有很多优点，但也必须具备手动开车直达设计负荷的能力，否则在事故面前将束手无策。本仿真软件只要不投自动，全部操作都属手动。学员不妨试一试全部手动开车。

22. 热态停车

热态停车是指停车时不把系统停至开车前的状态（称为冷态）。此状态下系统中可能大部分设备仍处于开车状态或低负荷状态。这是某些事故状态下的合理的处理方法。也就是说，许多事故状态并不一定要将全系统都停下来，可以局部停车，将事故排除后能尽快恢复正常。热态停车的原则是：处理事故所消耗的能量及原料最少，对产品的影响最小，恢复正常生产的时间最短。在满足事故排除的前提下，局部停车的部位越少越好。

23. 找准事故源从根本上解决问题

找准事故源，从根本上解决问题，这是处理事故的基本原则。如果不找出事故的根源，只采用一些权宜措施处理，可能只解决一时之困，到头来问题依然存在，或者付出了更多的能耗以及产品质量下降等代价。例如，精馏塔塔釜加热量过大，会导致一系列不正常的事故状态，如塔压升高、分离度变差，由于塔压是采用全凝器的冷却量控制，冷却水用量加大，导致能耗双重加大。权宜措施是用回流罐顶放空阀泄压，但这种方法只能解决塔压升高问题，一旦放空阀关闭，事故又会重演，因此，必须从加热量过大的根源上解决才能彻底排除事故。当然，对于复杂的流程，找准事故源常常不是一件容易的事情，需要有丰富的经验、冷静的分析、及时且果断的措施，在允许的范围内甚至要做较多的比对试验。

24. 根据物料流数据判断操作故障

从物料流数据可以判断出系统是否处于动态物料平衡状态，如不平衡问题出于何处，在同一流动管路中可能有哪些阀门未开或开度不够，是否忘记关小分流阀门导致流量偏小，管路是否出现堵塞，是否有泄漏以及泄漏可能发生的部位，装置当前处于何种运行负荷，装置当前运行是否稳定，不同物料之间的配比是否合格等。因此，在操作过程中应随时关注物料流数据的变化，以便及时发现问题，及时排除故障。

25. 投联锁保护控制系统应谨慎

联锁保护控制系统是在事故状态下自动进行热态停车的自动化装置。开车过程的工况处于非正常状态，而联锁动作的触发条件是确保系统处于正常工况的逻辑关系，因此只有当系统处于联锁保护的条件之内并保持稳定后才能投联锁，否则联锁系统会频繁误动作，甚至无法实施开车。开车前操作员必须从原理上搞清楚联锁保护控制系统的功能、作用、动作机理和联锁条件，才能正确投用联锁保护控制系统。

本仿真软件的大型合成氨转化以及催化裂化反应再生系统，都装有联锁保护控制系统。开车前一定要搞清楚原理，在系统开车达正常工况并确认平稳后，才能投联锁。

26. 区分自衡与非自衡过程

自衡过程是指系统中存在着对所关注变量的变化有一种固有的、自然形式的负反馈作用，该作用总是力图恢复系统的平衡。具有自平衡能力的过程称为自衡过程。反之，不存在固有反馈作用且自身无法恢复平衡的过程，称为非自衡过程。在出现扰动后，过程能靠自身的能力达到新的平衡状态的性质，称为自衡特性。例如，热交换过程通常属于自衡过程，可以通过探索找到操作点及相关阀门的阀位数据，以便指导操作；反应过程均为非自衡过程，操作平衡点很容易被打乱，导致失控。

27. 优化开车的基本原则

优化开车是学员技术水平的综合体现。本书几乎都在讨论开车问题，但也只涉及了一些典型的单元操作和部分流程的一种或两种开车方案。当然，这些规程都来自实际工厂，并且可以举一反三。虽然无法面面俱到，但可给出优化开车的基本原则，即以最少的能耗、最少的原料及环境代价、在最短的时间内安全平稳地将过程系统运行至正常工况的全部设计指标以内。

学员能利用本套仿真实操软件试验优化开车方案，并且可以利用评分功能和趋势记录功能评价方案。

三、控制系统操作要点

掌握控制系统的操作方法，对于工艺专业和自动化专业的学员具有同等重要的意义。在化工企业中掌握和使用控制系统的是工艺技术人员，而仪表及自动化人员不了解控制系统在工艺过程中的运行机理，也无法正确地调整和维护仪表及自控系统。

1. 控制器的操作要点

① 首先必须清楚控制器的基本原理；自动、手动和串级键的作用；什么是控制器的输入、输出和给定，以及它们的量程上、下限。

② 控制器处于手动状态时相当于遥控器，其输出值由人工调整。此时，给定值跟踪输入值。当置自动状态时，可实现无扰动切换。

③ 控制器处于自动状态时，输出值无法人工调整。人工只能改变给定值（即期望值）。

④ 控制器的输入值和输出值的关系是输入值受控于输出值，两者可能有直接关系，也可

能是间接关系。实际操作中容易混淆输入值和输出值，或把两者当成一回事。

⑤ 控制器处于正作用状态，当输入值和给定值的正偏差加大（减小）时，输出应增大（减小）。反作用状态是当输入值和给定值的正偏差加大（减小）时，输出减小（加大）。

2. 串级控制的操作要点

① 首先在原理上必须分清主控制器和副控制器，主控制器的输出与副控制器的给定值关联，并且副控制器给定值受控于主控制器的输出。

② 在未置串级时，主控制器的输出是浮空的，没有任何控制作用。而副控制器相当于一个单回路控制器。

③ 置串级后，副控制器的给定值无法人工调整，而是由主控制器输出自动调整。人工调整的变量是主控制器的给定值。

④ 串级控制系统的范例：精馏过程中提馏段灵敏板温度控制（主控制器）TIC-3 与塔釜加热蒸汽流量控制（副控制器）FIC-3。

第三章
离心泵及储罐液位系统

一、工艺说明

1. 工作原理

离心泵一般由电动机带动。启动前须在离心泵的壳体内充满被输送的液体。当电机通过联轴器（靠背轮）带动叶轮高速旋转时，液体受到叶片的推力同时旋转，由于离心力的作用，液体从叶轮中心被甩向叶轮外沿，以高速流入泵壳。当液体到达蜗形通道后，由于截面积逐渐扩大，大部分动能变成静压能，于是液体以较高的压力送至所需的地方。当叶轮中心的流体被甩出后，泵壳吸入口形成了一定的真空，在压差的作用下，液体经吸入管吸入泵壳内，填补了被排出液体的位置。

2. “气缚”现象

离心泵若在启动前未充满液体，则离心泵壳内极易存在空气。由于空气密度很小，所产生的离心力就很小，此时在吸入口处形成的真空不足以将液体吸入离心泵内，因此不能输送液体，这种现象为“气缚”。所以，离心泵在启动前必须首先将被输送的液体充满泵体，并进行高点排气。

3. “汽蚀”现象

通常，离心泵的入口处是压力最低的部位，如果这个部位液体的压力等于或低于在该温度下液体的饱和蒸汽压力，就会有蒸汽及溶解在液体中的气体从液体中大量逸出，形成许多蒸汽和气体混合物的气泡。这些小气泡随着液体流入高压区后，气泡破裂重新凝结。在凝结过程中，质点加速运动，相互撞击，产生很高的局部压力。在压力很大、频率很高的连续打击下，离心泵体金属表面逐渐因疲劳而损坏，寿命大为缩短。离心泵的安装位置不当、流量调节不当或入口管路阻力太大时，都会造成“汽蚀”。

4. 离心泵的特性曲线

离心泵的流量（F）、扬程（H）、功率（N）和效率（η）是其重要的性能参数，这些性能参数之间存在一定的关系，可以通过实验测定。通过实验测定所绘制的曲线，称为离心泵的特性曲线。常用的离心泵特性曲线有如下三种。

① H-F 曲线　该曲线表示离心泵流量 F 和扬程 H 的关系。离心泵的扬程在较大流量范围内是随流量增大而减小。不同型号的离心泵，H-F 曲线有所不同。相同型号的离心泵，特性曲线也不一定完全一样。

② N-F 曲线　该曲线表示离心泵流量 F 和功率 N 的关系，N 随 F 的增大而增大。显然，当流量为零时，离心泵消耗的功率最小。因此，启动离心泵时，为了减小电机启动电流，应将离心泵出口阀门关闭。

③ η-F 曲线　该曲线表示离心泵流量 F 和效率 η 的关系。此曲线的最高点是离心泵的设计点，离心泵在该点对应的流量及压头下工作，其效率最高。

5. 离心泵的操作要点

离心泵的操作包括充液、启动、运转、调节及停车等过程。离心泵在启动前必须使泵内充满液体，通过高点排气，保证泵体和吸入管内没有气体积存。启动时，应先关闭出口阀门，以防电机超负荷；停泵时，亦应先关闭出口阀门，以防出口管内的流体倒流，使叶轮受损。若长期停泵，应放出泵内的液体，以免锈蚀和冻裂。

离心泵及储罐液位系统开车演示

6. 工艺流程说明

离心泵系统流程图画面如图 3-1 所示。离心泵系统由一个储罐（装有排空管通大气）、一台主离心泵、一台备用离心泵、管线、控制器及阀门等组成。上游水源经管线由控制阀（调节阀）V1 控制，进入储罐。上游水流量通过孔板流量计 FI 检测。储罐液位由控制器 LIC 控制，LIC 的输出信号连接至 V1。离心泵的入口管线连接至储罐下部。管线上装有手操阀 V2 及旁路备用手操阀 V2B、离心泵入口压力表 PI1。离心泵装有高点排气阀 V5 和低点排液阀 V6。主离心泵电机开关是 PK1，备用离心泵电机开关是 PK2。离心泵电机功率 N、总扬程 H 及效率 M 分别由数字显示。离心泵出口管线装有出口压力表 PI2、止逆阀、出口阀 V3、出口流量检测仪表、出口流量控制器 FIC 及控制阀（调节阀）V4。

为了简化流程图画面，本仿真软件设定：当事故状态开启备用泵 PK2 时，相关的所有仪表阀门默认为属于备用泵。

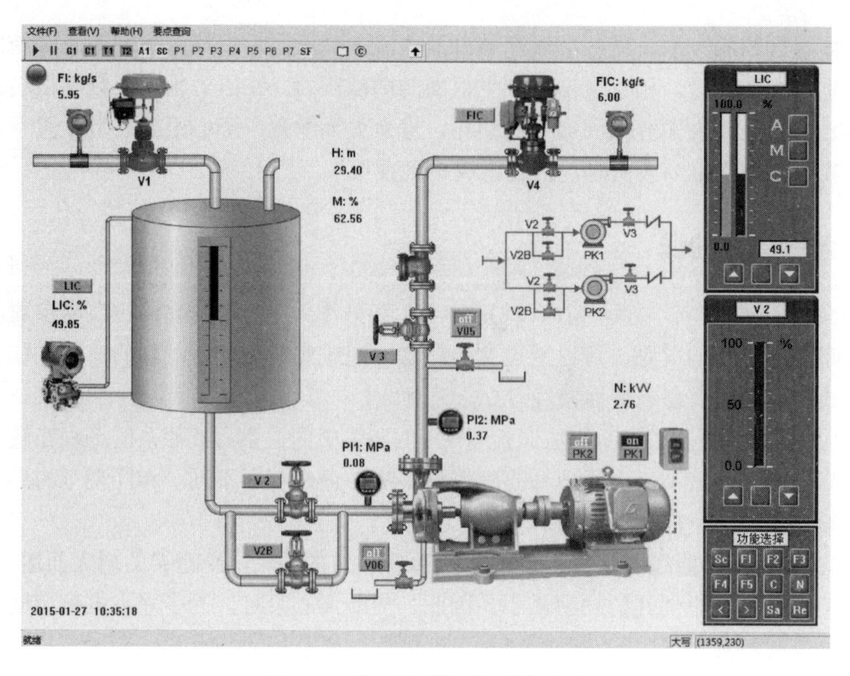

图 3-1　离心泵系统流程图画面

7. 控制组画面

控制组画面（图 3-2）集中了离心泵系统相关的控制器、指示仪表、手操器及开关。图 3-1 及图 3-2 中的控制、指示仪表及阀门说明如下。

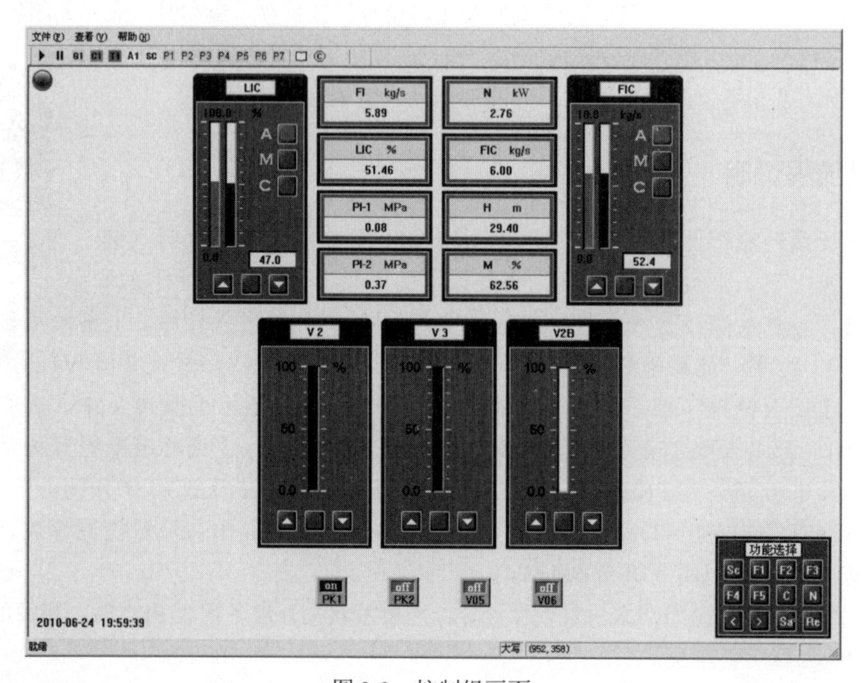

图 3-2　控制组画面

（1）指示仪表

PI1	离心泵入口压力	MPa	PI2	离心泵出口压力	MPa
FI	储罐入口流量	kg/s	H	离心泵扬程	m
N	离心泵电机功率	kW	M	离心泵效率	%

（2）控制器及控制阀（调节阀）

LIC　储罐液位控制器　%

FIC　离心泵出口流量控制器　kg/s

V1　储罐入口控制阀（调节阀）

V4　离心泵出口流量控制阀（调节阀）

（3）手操器

V2　离心泵入口阀　　V2B　离心泵入口旁路备用阀　　V3　离心泵出口阀

（4）开关及快开阀门

V5　离心泵高点排气阀　　V6　离心泵排液阀

PK1　离心泵电机开关　　PK2　离心泵备用电机开关

8. 报警限说明

FIC	离心泵出口流量低限报警	＜1.0	kg/s	（L）
LIC	低位储罐液位高限报警	＞80	%	（H）
LIC	低位储罐液位低限报警	＜20	%	（L）
PI1	离心泵入口压力低限报警	＜0.1	MPa	（L）

二、离心泵冷态开车

① 检查各开关、手动阀门是否处于关闭状态。

② 对于考核模式，为了防止离心泵启动后储罐液位下降至零，液位控制器 LIC 预置为自动，给定值设为 50%。

③ 离心泵出口流量控制器 FIC 置手动，控制器输出为零。

④ 进行离心泵充水和排气操作。开离心泵入口阀 V2，然后开离心泵排气阀 V5，直至排气口出现蓝色色点，表示排气完成，关阀门 V5。

⑤ 在泵出口阀 V3 关闭的前提下，开离心泵电机开关 PK1，低负荷启动电动机。

⑥ 开离心泵出口阀 V3，由于 FIC 的输出为零，此时离心泵输出流量为零。

⑦ 手动调整 FIC 的输出，使流量逐渐上升至 6.0 kg/s 且稳定不变时投自动。

⑧ 当储罐入口流量 FI 与离心泵出口流量 FIC 达到动态平衡时，离心泵开车达到正常工况。此时各检测点指示值如下。

FIC	6.0	kg/s	FI	6.0	kg/s
PI1	0.15	MPa	PI2	0.44	MPa
LIC	50.0	%	H	29.4	m
M	62.6	%	N	2.76	kW

三、离心泵停车操作

① 首先关闭离心泵出口阀 V3。

② 将 LIC 置手动，将输出逐步降为零。

③ 关 PK1（停电机）。

④ 关离心泵进口阀 V2。

⑤ 开离心泵低点排液阀 V6 及高点排气阀 V5，直到蓝色色点消失，说明泵体中的水排干。最后关 V6。

四、测取离心泵特性曲线（不在考核范围内）

① 离心泵开车达到正常工况后，FIC 处于自动状态。首先将 FIC 的给定值逐步提高到 9kg/s。当储罐入口流量 FI 与离心泵出口流量 FIC 达到动态平衡时，记录此时的流量（*F*）、扬程（*H*）、功率（*N*）和效率（*M*）。

② 然后按照每次 1kg/s（或 0.5kg/s）的流量降低 FIC 的给定值。每降低一次，等待系统动态平衡后记录一次数据，直到 FIC 的给定值降为零。

③ 将记录的数据描绘出 *H-F*、*N-F* 和 η *-F* 三条曲线。完成后与“P1”画面（图 3-3）的

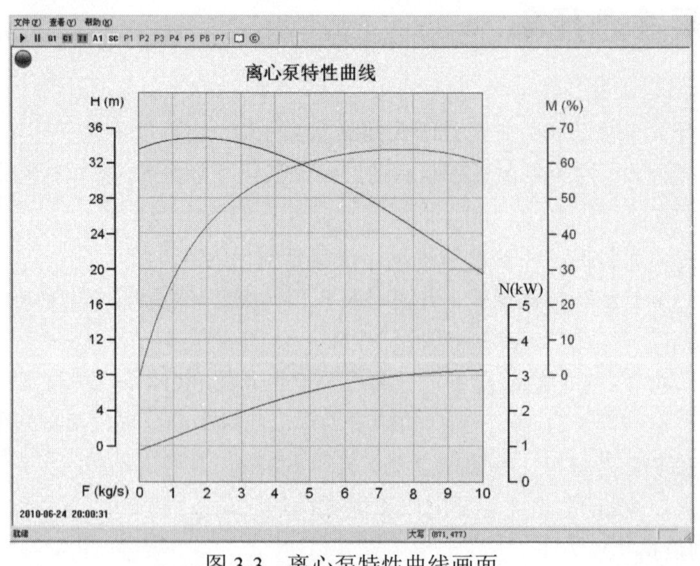

图 3-3　离心泵特性曲线画面

标准曲线对照，应当完全一致。

离心泵及储罐液位
F1事故排除演示

五、事故设置及排除

1. 离心泵入口阀门堵塞（F1）

事故现象 离心泵输送流量降为零。离心泵功率降低。流量超下限报警。

排除方法 首先关闭出口阀 V3，再开旁路备用阀 V2B，最后开 V3 阀恢复正常运转。

合格标准 根据事故现象能迅速做出合理判断。能及时关泵并打开阀门 V2B，恢复正常运转。

2. 电机故障（F2）

事故现象 电机突然停转。离心泵流量、功率、扬程和出口压力均降为零。储罐液位上升。

排除方法 立即启动备用泵。首先关闭离心泵出口阀 V3，再开备用电机开关 PK2，最后开泵出口阀 V3。

合格标准 判断准确。开备用泵的操作步骤正确。

3. 离心泵“气缚”故障（F3）

事故现象 离心泵几乎送不出流量，检测数据波动，流量下限报警。

排除方法 及时关闭出口阀 V3。关电机开关 PK1。打开高点排气阀 V5，直至蓝色色点出现后，关阀门 V5。然后按开车规程开车。

合格标准 根据事故现象能迅速做出合理判断。能及时停泵，打开阀门 V5 排气，并使离心泵恢复正常运转。

4. 离心泵叶轮松脱（F4）

事故现象 离心泵流量、扬程和出口压力降为零，功率下降，储罐液位上升。

排除方法 与电机故障相同，启动备用泵。

合格标准 判断正确。合格标准与电机故障的相同。

5. FIC 流量控制器故障（F5）

事故现象 FIC 输出值大范围波动，导致各检测量波动。

排除方法 迅速将 FIC 控制器切换为手动，通过手动调整使过程恢复正常。

合格标准 判断正确。手动调整平稳，并且较快达到正常工况。

六、开车评分信息

本软件装有三种开车评分信息画面。

1. 简要评分牌

简要评分牌可随时按功能选择键盘的“Sc”按钮调出。本评分牌显示了当前的开车步骤成绩、开车安全成绩、正常工况质量（设计值）和开车总平均成绩。为了有充分的时间了解成绩评定结果，仿真程序处于冻结状态。按键盘的“空格”键返回。

2. 开车评分记录

开车评分记录画面能随时调出。画面记录了开车步骤的分项得分、工况评分的细节、总报警次数及报警扣分信息，如图 3-4 所示。

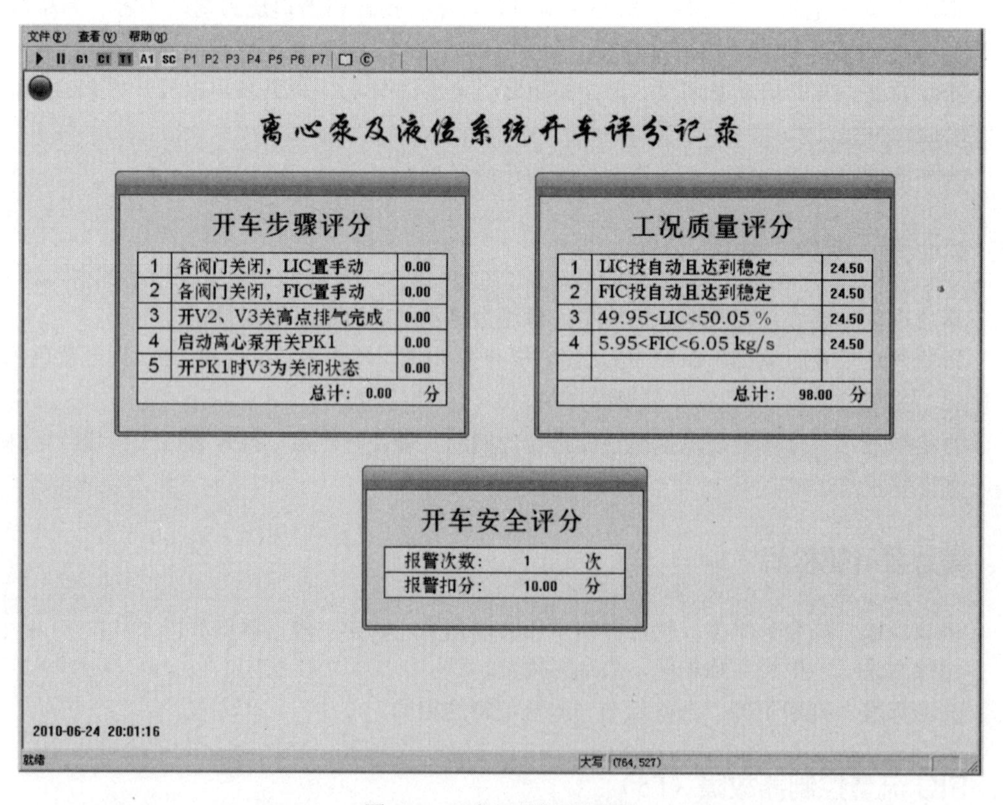

图 3-4 开车评分记录画面

3. 趋势画面

本软件的趋势画面记录了重要变量的历史曲线，可以与评分记录画面配合对开车全过程

进行评价。

七、开车评分标准

1. 开车步骤评分要点

① 各阀门关闭，控制器 LIC 置自动。	11 分
② 各阀门关闭，控制器 FIC 置手动。	11 分
③ 开入口阀 V2，关出口阀 V3，用 V5 完成高点排气。	35 分
④ 开泵电机开关 PK1。	15 分
⑤ 当 PK1 开时刻，出口阀门 V3 处于关闭状态。	26 分

总计：98 分

2. 正常工况质量评分要点

① FIC 投自动且达到稳定。	24.5 分
② LIC 投自动且达到稳定。	24.5 分
③ 49.5＜LIC＜50.5 %	24.5 分
④ 5.95＜FIC＜6.05 kg/s	24.5 分

总计：98 分

八、安全关注点

① 泵叶轮驱动轴和泵体密封处泄漏。如果物料易燃、易爆或有毒，会导致火灾或人员中毒事故。原因可能是泵内超压、电机轴与泵轴偏心振动所致。

② “靠背轮”偏心导致机械振动。原因可能是泵或电机固定螺栓松动，靠背轮没有“找正”，最终导致主轴和轴承磨损或轴密封泄漏。

③ 电机受潮或进水，导致电气故障。

④ 开关启动器故障，导致电机不转。

⑤ 泵出口法兰泄漏。原因可能是固定螺栓没有对称把紧或松脱，垫片损坏。

⑥ 长期停泵后没有进行低点排液或排液不彻底，泵体存水结冰，导致泵壳胀裂。

⑦ 开泵电机前没有进行高点排气，开泵后导致气缚故障。

⑧ 吸入端法兰泄漏。由于泵运行时此处有一定的真空度，即负压，可能吸入空气与物料混合。

⑨ 吸入阀开度过小或吸入管道部分堵塞，导致吸入端真空度上升，泵流量减小，可能引发泵内汽蚀，损坏叶轮和泵体。

⑩ 储罐顶部排空管线堵塞，可能导致储罐真空瘪陷，或罐内“憋压”事故。

⑪ 仪表引压管堵塞或液位计失灵。可能导致储罐满罐和溢流时没有报警信号，或储罐抽空事故。

⑫ 禁止在泵出口阀开启的状态下启动泵电机，这样会导致启动电流过大，可能烧坏泵电机线圈。

⑬ 每台离心泵出口都应当安装止逆阀，以防停泵倒流，导致“窜压”或密封泄漏等事故。

离心泵与储罐液位系统安全关注点画面通过菜单栏调出，如图 3-5 所示。

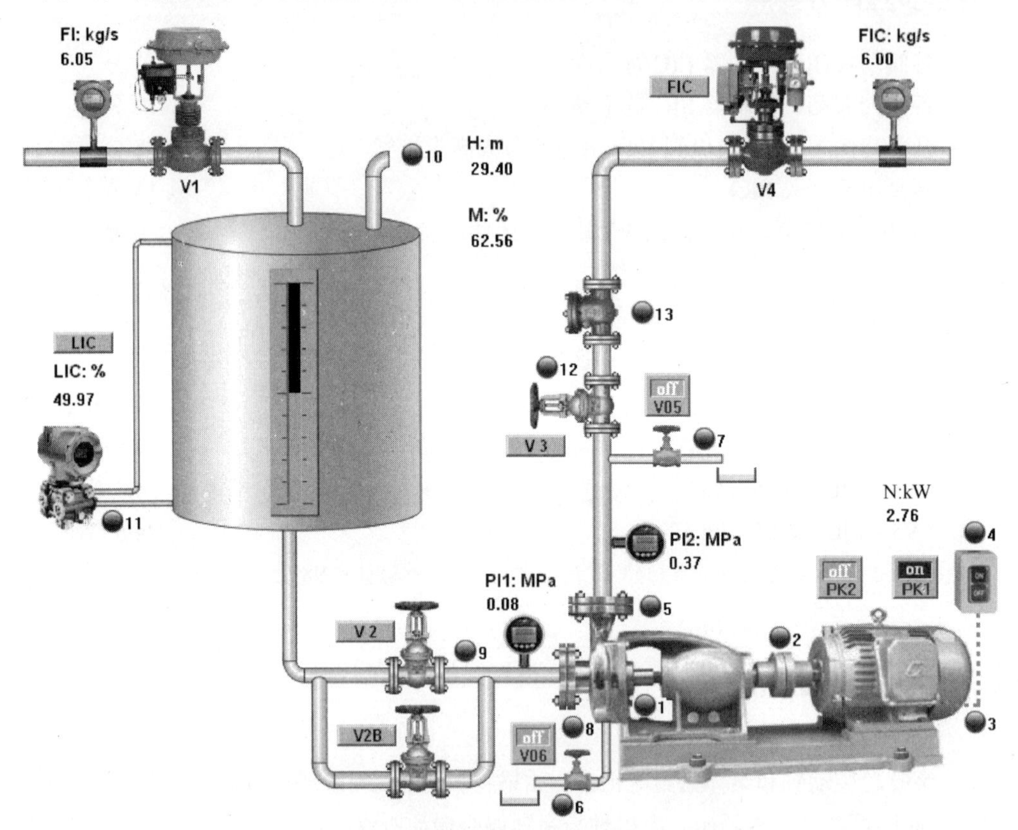

图 3-5　离心泵与储罐液位系统安全关注点

第四章 热交换系统

一、工艺及控制说明

本热交换器为双程列管式结构，起冷却作用，管程走冷却水（冷流），含量 30%的磷酸钾溶液走壳程（热流）。

工艺要求：流量为 18441kg/h 的冷却水，从 20℃上升到 30.8℃，将 65℃流量为 8849kg/h 的磷酸钾溶液冷却到 32℃。管程压力 0.3MPa，壳程压力 0.5MPa。

流程图画面如图 4-1 所示。

流程图画面“G1”中（图 4-1），阀门 V4 是高点排气阀，阀门 V3 和 V7 是低点排液阀，P2A 为冷却水泵，P2B 为冷却水备用泵，阀门 V5 和 V6 分别为泵 P2A 和 P2B 的出口阀，P1A 为磷酸钾溶液泵，P1B 为磷酸钾溶液备用泵，阀门 V1 和 V2 分别为泵 P1A 和 P1B 的出口阀。

FIC-1 是磷酸钾溶液的流量定值控制。采用 PID 单回路控制。

TIC-1 是磷酸钾溶液的壳程出口温度控制，控制手段为管程冷却水的用量（间接关系）。采用 PID 单回路控制。

检测及控制点正常工况值如下：

TI-1　壳程热流入口温度为 65℃　　TI-2　管程冷流入口温度为 20℃

TI-3　管程冷流出口温度为 30.8℃左右　　TIC-1　壳程热流出口温度为 32℃

FR-1　冷却水流量 18000kg/h 左右　　FIC-1　磷酸钾流量 8500kg/h 左右

报警限说明（H 为报警上限，L 为报警下限）：

TIC-1＞35.0℃（H）　　TIC-1＜28.0℃（L）

FIC-1＞9500kg/h（H）　　FIC-1＜7000kg/h（L）

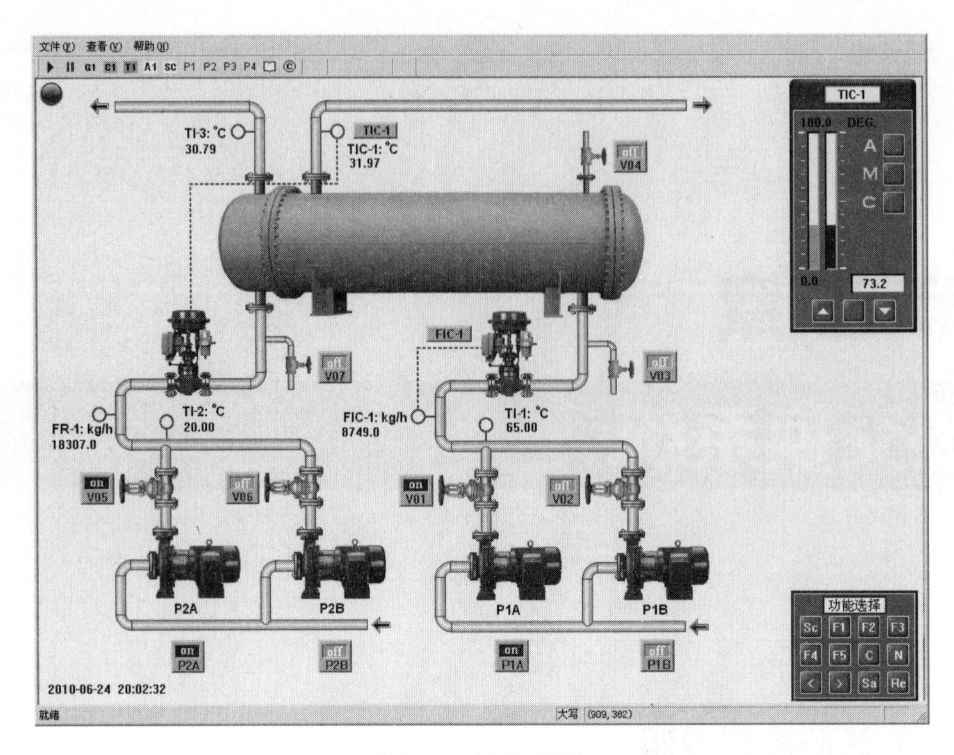

图 4-1 流程图画面

控制组画面“C1”组合了全部操作、控制及指示器，如图 4-2 所示。

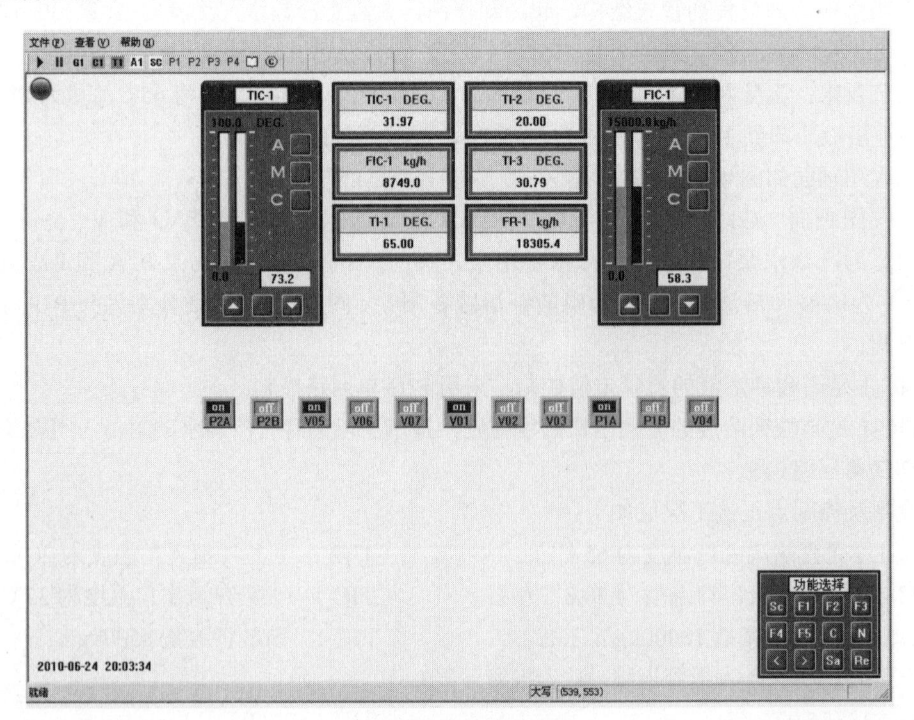

图 4-2 控制组画面

本热交换器的主要设备参数如下：

壳内径　$D=250$ mm　　管长　$L=5.0$ m

折流板间距　$B=0.1$ m　　列管外径　$d_o=19$ mm

列管内径　$d_i=15$ mm　　列管根数　$n=52$ 根

总传热系数　$K=924.8$ kcal[1]/（m^2·h·℃）　　壳程压降　$\Delta p_s=0.024$MPa

1. 指示仪表

TI-1　换热器壳程热流入口温度

TI-2　换热器管程冷流入口温度

TI-3　换热器管程冷流出口温度

FR-1　冷却水流量

2. 控制器

TIC-1　壳程热流（磷酸钾溶液）出口温度控制

FIC-1　热流（磷酸钾溶液）流量控制

3. 开关及快开阀门

常用阀门：

V1　热流泵 P1A 出口阀

V4　换热器壳程高点排气阀

V5　冷却水泵 P2A 出口阀

P1A　热流泵 P1A 电机开关

P2A　冷却水泵 P2A 电机开关

非常用阀门：

V2　热流备用泵 P1B 出口阀

V3　换热器壳程低点排液阀

V6　冷却水备用泵 P2B 出口阀

V7　换热器管程低点排液阀

P1B　热流备用泵 P1B 电机开关

P2B　冷却水备用泵 P2B 电机开关

热交换器开车和F1
事故排除演示

二、开车操作法

① 开车前设备检验。冷却器试压，特别要检验壳程和管程是否有内漏现象，各阀门、管

[1] 1cal=4.18J。

路、泵是否好用，大检修后盲板是否拆除，法兰连接处是否耐压不漏，是否完成吹扫等项工作（本项内容不包括在仿真软件中）。

② 检查各开关、手动阀门是否处于关闭状态。各控制器应处于手动且输出为零。

③ 开冷却水泵 P2A 开关。

④ 开泵 P2A 的出口阀 V5。

⑤ 控制器 TIC-1 置手动状态，逐渐开启冷却水控制阀（调节阀）至 70%开度。

⑥ 开磷酸钾溶液泵 P1A 开关。

⑦ 开泵 P1A 的出口阀 V1。

⑧ 控制器 FIC-1 置手动状态，逐渐开启磷酸钾溶液控制阀（调节阀）至 50%。

⑨ 壳程高点排气。开阀 V4，直到 V4 阀出口显示蓝色色点，指示排气完成，关 V4 阀。

⑩ 当壳程出口温度 TIC-1 上升至(32±1.0)℃投自动。

⑪ 缓慢提升磷酸钾溶液流量。逐渐手动将磷酸钾溶液的流量增加至 8200kg/h 左右投自动。开车达正常工况的设计值，见工艺说明和开车评分记录画面。

三、停车操作法

① 将控制器 FIC-1 打手动，关闭控制阀（调节阀）。

② 关泵 P1A 及出口阀 V1。

③ 将控制器 TIC-1 打手动，关闭控制阀（调节阀）。

④ 关泵 P2A 及出口阀 V5。

⑤ 开低点排液阀 V3 及 V7，等待蓝色色点消失。排液完成。停车完成。

四、事故设置及排除

1．换热效率下降（F1）

事故现象 事故初期壳程出口温度上升，冷却水出口温度上升。由于自控作用，将冷却水流量开大，使壳程出口温度和冷却水出口温度回落。

处理方法 开高点排气阀 V4。等气排净后，恢复正常。

2．P1A 泵坏（F2）

事故现象 热流流量和冷却水流量同时下降至零。温度下降报警。

处理方法 启用备用泵 P1B，按开车步骤重新开车。

3．P2A 泵坏（F3）

事故现象 冷却水流量下降至零。热流出口温度上升报警。

处理方法 开备用泵 P2B，然后开泵出口阀 V6。关泵 P2A 及出口阀 V5。

4．冷却器内漏（F4）

事故现象 冷却水出口温度上升，导致冷却水流量增加。开排气阀 V4 试验无效。
处理方法 停车。

5．TIC-1 控制器工作不正常（F5）

事故现象 TIC-1 的测量值指示达上限，输出达 100%。热流出口温度下降，无法自控。
处理方法 将 TIC-1 打手动。通过现场温度指示，手动调整到正常。

五、开车评分信息

本软件装有三种开车评分信息画面。

1. 简要评分牌

简要评分牌可随时按功能选择键盘的“Sc”按钮调出。本评分牌显示当前的开车步骤成绩、开车安全成绩、正常工况质量（设计值）和开车总平均成绩。为了有充分的时间了解成绩评定结果，仿真程序处于冻结状态。按键盘上的“空格”键返回。

2. 开车评分记录

开车评分记录画面能随时调出。本画面记录了开车步骤的分项得分、工况评分的细节、总报警次数及报警扣分信息，如图 4-3 所示。

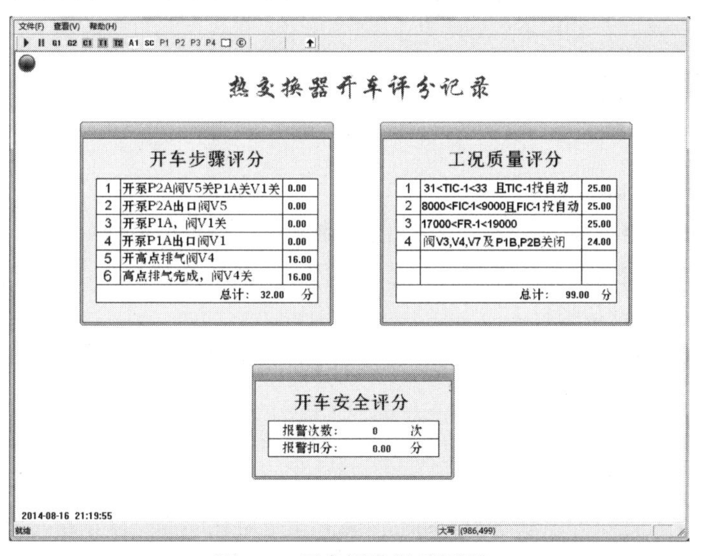

图 4-3 开车评分记录画面

3. 趋势画面

本软件的趋势画面记录了重要变量的历史曲线，可以与评分记录画面配合对开车全过程进行评价。

六、开车评分标准

1. 开车步骤评分要点

① 开泵 P2A，出口阀 V5 关，此时，泵 P1A 关，出口阀 V1 关。 17 分
② 开泵 P2A 的出口阀 V5。 16 分
③ 开泵 P1A，出口阀 V1 关。 17 分
④ 开泵 P1A 的出口阀 V1。 16 分
⑤ 开高点排气阀 V4（热流流量大一些排气才能彻底）。 16 分
⑥ 高点排气完成，V4 阀关。 16 分

总计：98 分

2. 正常工况质量评分要点

① 31.0℃＜TIC＜33.0℃，且 TIC 投自动 25 分
② 8000kg/h＜FIC＜9000kg/h，且 FIC 投自动安 25 分
③ 17000kg/h＜FR-1＜19000kg/h 25 分
④ 阀门 V4、V3、V7 和备用泵 P1B 及 P2B 都关闭 24 分

总计：99 分

七、安全关注点

安全关注点如图 4-4 所示。

① 开车时必须进行高点排气，否则由于“憋气”，导致换热面积减小，影响换热效率。

② 开车时必须检查低点排液阀 V3 是否关闭，以防热介质泄漏。停车时，必须检查 V3 是否开启排液，预防设备胀裂。

③ 开车时必须检查低点排液阀 V7 是否关闭，以防冷介质泄漏。停车时，必须检查 V7 是否开启排液，预防设备冻裂。

④ 换热器内部管板或管束泄漏。即高压侧向低压侧内漏，可能导致低压侧超压、下游介质污染或介质混合导致的化学反应等。

⑤ 换热器法兰处对外泄漏事故。如果泄漏的是危险化学品，会导致人员中毒或燃烧爆炸事故。

⑥ 换热器中是否会出现超温危险。如果是固定管板，是否考虑增加换热器膨胀节。

⑦ 由于本换热器事故，是否会引起下游设备超压，是否需要安全阀，是否导致下游温度超高，是否考虑冷却设施。

⑧ 当换热器是釜式再沸器结构时，如果失去液位，可能引发内爆、再进料的暴沸或气相介质引入下游设备。

热交换系统安全关注点画面通过菜单栏调出如图 4-4 所示。

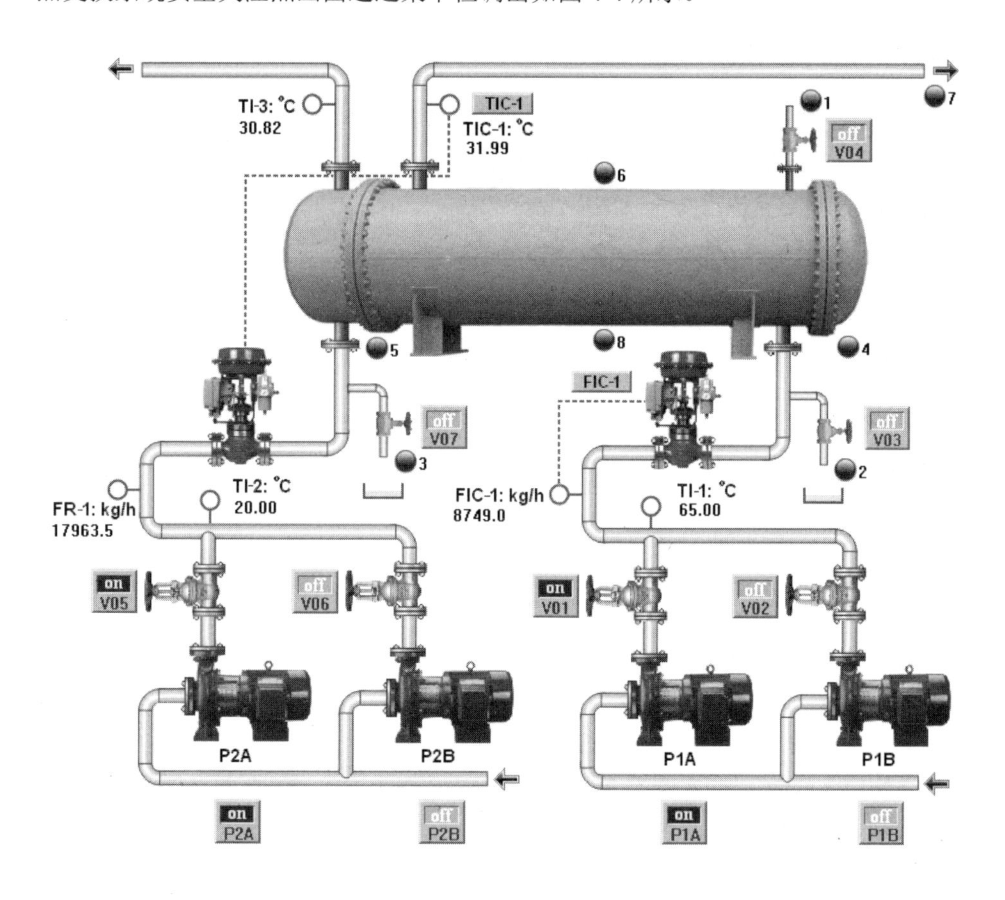

图 4-4　热交换系统安全关注点

第五章 连续反应系统

一、工艺流程简介

本连续反应过程是工业常见的典型的带搅拌的釜式反应器（CSTR）系统，同时又是高分子聚合反应。在已有的事故报告中，聚合反应的重大事故率最高，其他反应事故率排序依次是硝化反应、硫化反应和水解反应。因此，本系统属于典型的高危险性化工工艺过程。

连续反应系统以液态丙烯为单体，以液态己烷为溶剂，在催化剂与活化剂的作用下，在反应温度（70±1.0）℃下进行悬浮聚合反应，得到聚丙烯产品。工业生产中为了提高产量，常用两釜或多釜串联流程。由于在每一个反应釜中的动态过程相似，为了节省实操考核时间，特将多釜反应器简化为单反应器连续操作系统。

丙烯聚合反应是在己烷溶剂中进行的，采用了高效、高定向性催化剂。己烷溶剂是反应生成物聚丙烯的载体，不参与反应。反应生成的聚丙烯不溶于单体丙烯和溶剂，反应器内的物料为淤浆状，故称此反应为溶剂淤浆法聚合。

如图 5-1 所示，连续反应系统包括带搅拌器的釜式反应器。反应器为标准盆头釜，为了缩短时间，必须减小时间常数，即缩小反应器容积。缩小后的反应器尺寸为：直径 1000mm，釜底到上端盖法兰高度 1376mm，反应器总容积 1.037m^3，反应釜液位量程选定为 0～1300mm（0～100%），反应器耐压约 2.5MPa。为了安全，要求反应器在系统开、停车全过程中压力不超过 1.6MPa。反应器压力报警上限组态值为 1.4MPa。

丙烯聚合反应过程主要有三种连续性进料（控制聚丙烯分子量的氢气在本连续反应中不考虑）：第一种是常温液态丙烯，FR-4 为丙烯进料流量，V-4 是丙烯进料阀；第二种是常温液态己烷，FR-5 为己烷进料流量，V-5 是己烷进料阀；第三种是来自催化剂与活化剂配制单元

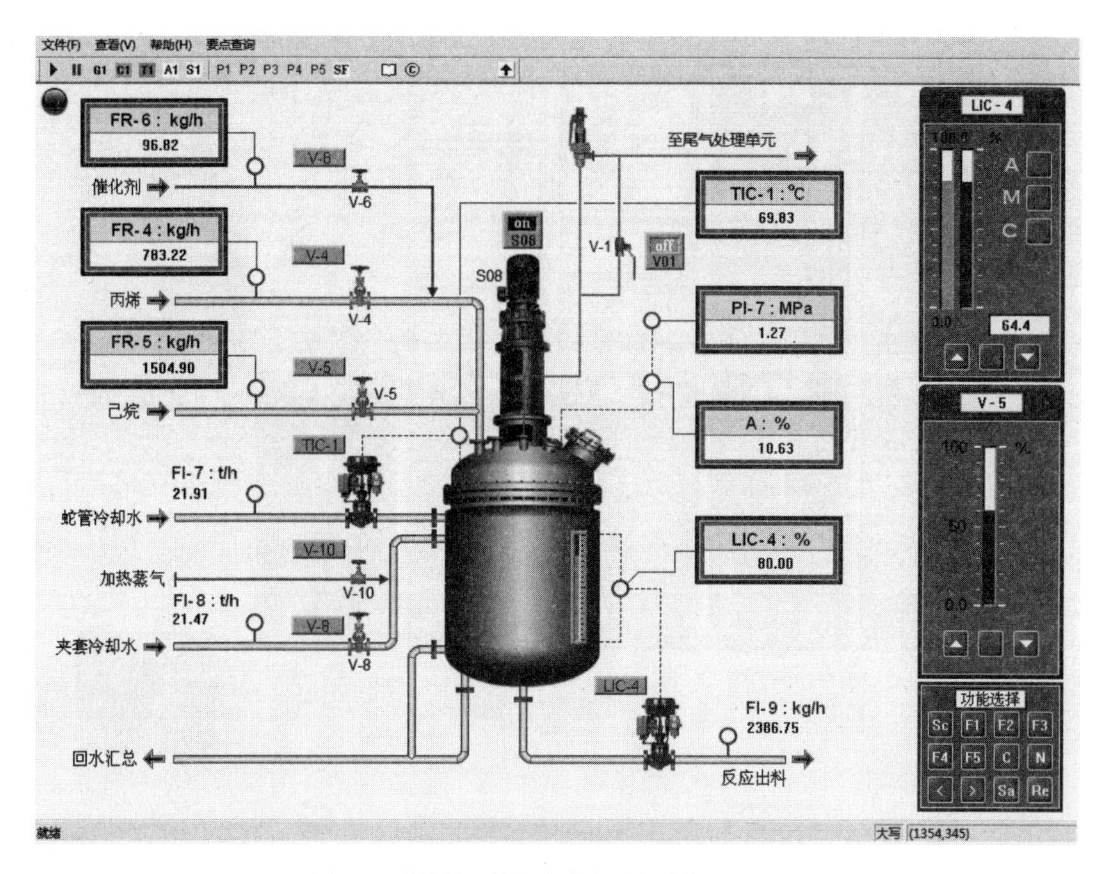

图 5-1　带搅拌器的釜式连续反应系统（CSTR）

的常温催化剂与活化剂的混合液，FR-6 为催化剂混合液进料流量，V-6 是催化剂混合液进料阀。催化剂可以用三氯化钛（$TiCl_3$），活化剂可以用一氯二乙基铝［$Al(C_2H_5)_2Cl$］，两种化合物用己烷溶剂稀释成混合液，催化剂浓度 4%，活化剂与催化剂摩尔浓度之比为 2∶1。由于催化剂量小，常用计量泵控制，在本书中用精小型控制阀代替。

反应器内主产物聚丙烯的质量分数为 A，反应温度为 TIC-1，液位为 LIC-4。反应器出口浆液流量 FI-9，出口控制阀（调节阀）V-9 控制反应釜液位（LIC-4）。反应器内蛇管冷却水入口流量 FI-7，由控制阀（调节阀）V-7 控制（TIC-1）。反应器夹套冷却水入口流量 FI-8 由手动阀 V-8 调整，反应器夹套加热低压蒸气阀 V-10 用于诱发聚合反应。反应器搅拌电机开关 S08。反应器顶部设安全阀，如果反应超压，通过安全阀将反应器内气化空间的混合气体泄压排放到尾气处理单元。同时设置手动放空阀 V-1（采用球阀，以便紧急状态时迅速全开），与安全阀构成双保险。

二、主要画面说明

图 5-1 和图 5-2 中所示指示仪表、控制器、手操器和开关的说明如下。

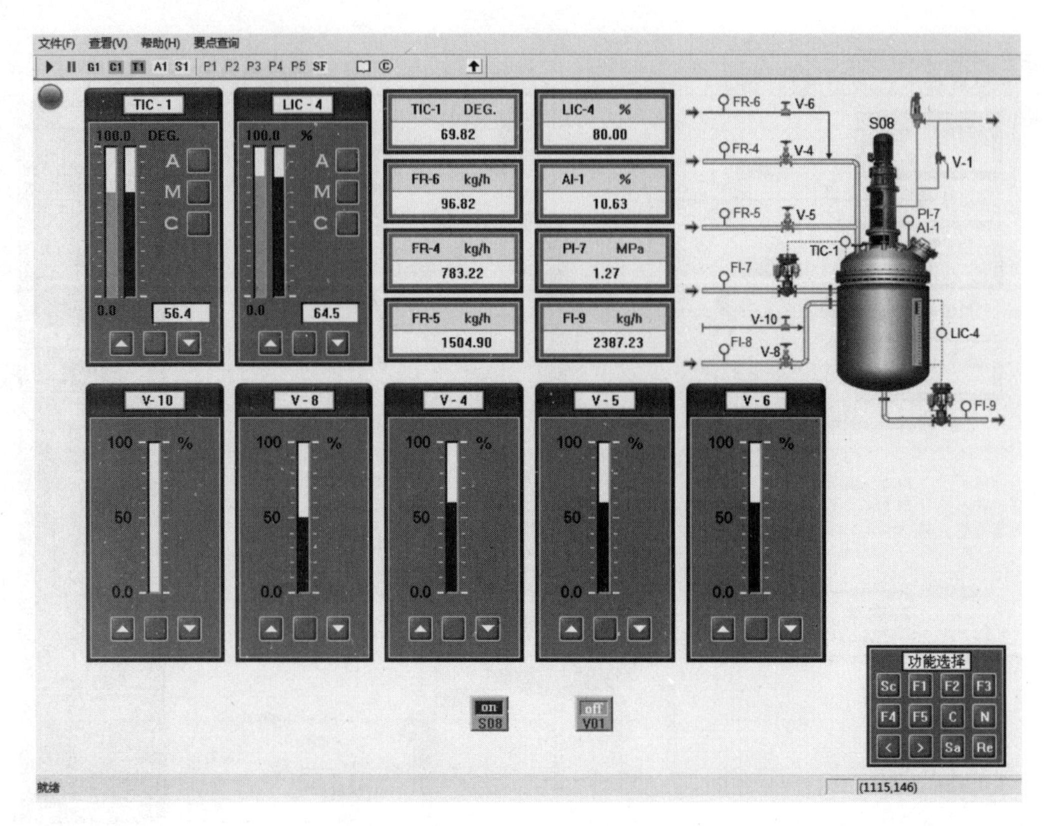

图 5-2 控制组画面

1. 过程变量说明

连续反应系统在流程图画面所涉及的传感器输出变量、变量正常工况的参考数据、计量单位如下：

FR-4	丙烯进料流量	783 kg/h
FR-5	已烷进料流量	1504 kg/h
FR-6	催化剂进料流量	96 kg/h
FI-7	蛇管冷却水流量	约 20 t/h
FI-8	夹套冷却水流量	＜30.0 t/h
FI-9	反应器出口流量	2384 kg/h
TIC-1	反应温度	70.0℃
PI-7	反应压力	1.27 MPa（绝压）
LIC-4	反应器料位	80%（0～1.3m，0～100%）
A	出口聚丙烯质量分数	10.70%

2. 操作变量说明

连续反应系统在盘面所涉及的操作、控制阀门及开关，已注明阀门公称直径、国标流通能力（K_v）如下。

V-1　紧急排空阀

V-4　丙烯进料阀　$Dg25$　K_v =3.42（C_v=4）

V-5　己烷进料阀　$Dg25$　K_v =5.38（C_v =6.3）

V-6　催化剂进料阀　$Dg20$　K_v =0.214（C_v =0.25）

V-7　蛇管冷却水阀　$Dg40$　K_v =25.64（C_v =30）

V-8　夹套冷却水阀　$Dg50$　K_v =42.73（C_v =50）

V-9　反应器出口阀　$Dg25$　K_v =8.54（C_v =10）

V-10　低压蒸气加热阀

S08　反应器搅拌电机开关

三、连续反应过程特性简述

为了进行连续反应的安全操作，必须首先对连续反应过程的主要变量之间的影响关系和动态特性进行分析，必要时需定量测试。这些特性、影响关系和数据完全可以通过对本模拟系统实施开车、停车或对主要变量进行拉偏试验得到。在真实系统上，由于安全或经济效益的考虑，多数试验是不允许进行的。下面对本连续反应过程的特性进行简要介绍。

1. 全混流反应器特征

由于本反应器有强烈的搅拌作用，己烷溶剂又起到了很好的分散与稀释功能，使得反应器中的物料流动状态满足全混流假定，即反应器内各点的组成和温度都是均匀的，反应器的出口组成和温度与反应器内相等。

2. 反应停留时间

从反应物料进入反应器开始至该反应物料离开反应器所历经的时间，称为停留时间。该时间与反应器中实际的物料容积和物料的体积流量有关。一般来说，停留时间长，反应的转化率较高。由于本反应器的物料流动状态满足全混流假定，可以采用平均停留时间的方法表达，反应平均停留时间等于反应器中物料实际容积除以反应器中参与反应的物料体积流量。

3. 反应温度

丙烯聚合反应属于放热反应，因此根据反应温度的高低能判断聚合反应速度的快慢，即当反应速度加快时，放出的热量增加，导致系统温度升高；反之，系统温度下降，因为此时出口物料流量和夹套冷却水会带走热量。放热反应属于非自衡的危险过程，当反应温度过高时，聚合反应速度加快，使得反应放出的热量增加，若热量无法及时移走，则反应温度进一步升高。这种“正反馈”作用将导致“暴聚”事故。此时由于温度超高，系统压力必定超高，如果超过反应器所能耐受的压力，可能发生爆炸与火灾事故。即使不发生恶性事故，由于反应速度太快，聚合生成的都是低分子无规则状聚合物，产品也不合格。

在反应停留时间相同、催化剂量相同的条件下，聚合反应的转化率由反应温度所决定。控制反应温度的主要手段是夹套和蛇管冷却水的流量。反应温度要求控制在（70±1.0）℃。影响夹套和蛇管冷却作用的相关因素是反应器内料位的高低、冷却水与反应温度的温度差，料位高，换热面积大，温度差大，热交换推动力大。

反应温度和反应转化率的变化属于时间常数较大、惯性较大的高阶特性。冷却水流量的变化随阀门的开关变化较快，时间常数较小。当冷却水压力下降时（这种干扰在现场时有发生），即使阀位不变，冷却水流量也会下降，冷却水带走的热量减少，反应器中物料温度会上升。由于温度变化的滞后，当传感器和控制器进行调节时，已经滞后了。针对这一问题，应当选用能够减小滞后影响的控制方案。例如，串级控制系统的副回路能减小对象的时间常数。

4. 反应压力

反应压力的高低主要取决于反应器中丙烯的百分含量和反应温度。纯丙烯的饱和蒸气压在20℃时约为1.0MPa，70℃时已超过3.0MPa，温度继续升高，压力还会急剧升高。用不着达到100℃，本反应器就可能发生爆炸危险。实践证明，丙烯与己烷混合后，饱和蒸气压会降低，而且在温度不变的前提下，己烷的百分含量越高，系统压力越低。因此，在反应器中必须防止丙烯的百分含量过高、反应温度过高的情况发生。另外，在温度不变的条件下，调整丙烯与己烷的进料流量比可以在一定的范围内控制反应器内的压力。

在丙烯与己烷的进料流量比不变的前提下，反应压力随反应温度变化，即反应温度上升，反应压力也同步上升；反应温度下降，反应压力也同步下降。亦即反应压力升高表征着反应速度加快，转化率提高。

连续反应开车和F3事故排除演示

四、工艺操作说明

1. 冷态开车参考步骤

① 开车前安全检查。所有阀门处于关闭状态。为了节省考核时间，预设已经完成己烷进料，反应器液位LIC-4达到80%，且已经投自动。

② 开己烷进料阀V-5约60%，使己烷进料流量FR-5达到约1500kg/h。

③ 开丙烯进料阀V-4约60%，使丙烯进料流量FR-4达到约780kg/h。由于混合蒸气压低于纯丙烯饱和蒸气压，先进己烷，后进丙烯，避开了反应器内压力大幅升高的可能。

④ 开反应器搅拌电机开关S08，使反应物系处于全混状态。

⑤ 全开低压蒸气加热阀V-10，阀门开度100%，诱发反应。低压蒸气进入反应器夹套，通过夹套对反应器内物料加热。夹套具有加热和冷却双重作用。

⑥ 开催化剂进料阀V-6约60%，使催化剂进料流量FR-6达到约95kg/h。所加入的是催化剂与活化剂的混合液，此时反应器的三股物料都已按要求连续进入反应器。由于反应尚未

诱发，三股物料的混合物也在连续地流出反应器。此状态应当尽量短暂，因为没有产品生成，只有能量及物料损耗。

⑦ 当反应温度 TIC-1 达到约 40～45℃，全关蒸气加热阀 V-10。此时，若 TIC-1 继续上升，则反应诱发成功。由于丙烯聚合是放热反应，反应速度会随温度升高而不断加快。

⑧ 当反应温度 TIC-1 达到约 50℃，应逐渐打开 V-8 阀（夹套冷却水阀）。为了防止反应温度上升幅度过快而失控，超前进行适当冷却是必要的。观察 TIC-1，同时用 V-8 调整冷却水量，使其约按 0.2～0.3℃/s 的速率上升，即若 TIC-1 上升的速率大于 0.2～0.3℃/s，则适当开大冷却水阀；若 TIC-1 上升速率小于 0.2℃/s，可维持当前冷却水阀位不变。此调整应根据反应温度 TIC-1 的上升情况灵活掌握，总的原则是维持 TIC-1 连续升温，但不得升温过快而失控。

⑨ 当反应温度 TIC-1 达到约 65℃，V-8 的开度达到 50%～55%，维持 V-8 开度不变，改用 TIC-1 的控制阀（调节阀）V-7（蛇管冷却水阀）手动控温，即控制器 TIC-1 置手动，逐渐开大该控制器输出。

⑩ 当反应温度 TIC-1 达到（70±1.0）℃时，微调控制器输出保持 TIC-1 稳定不变。将 TIC-1 投自动，此时即完成了反应过程的开车任务。

图 5-3 是一次连续反应过程的开车记录曲线。

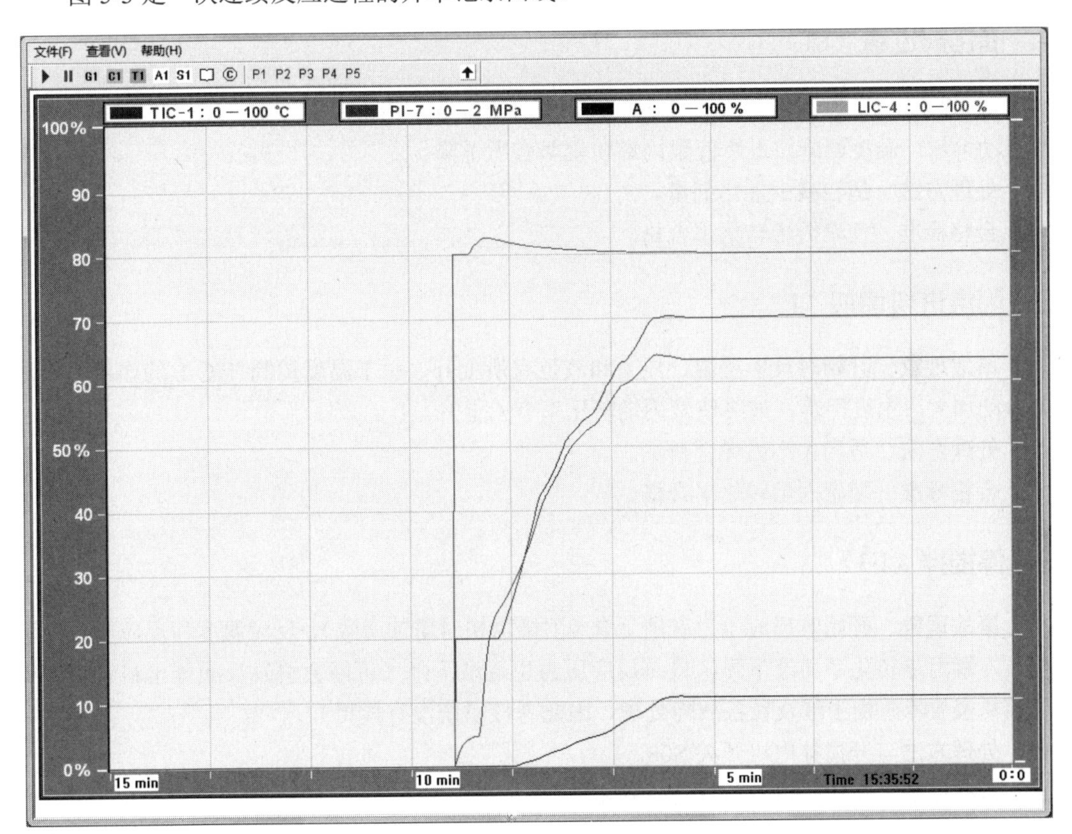

图 5-3 开车记录曲线

开车达正常工况的参考数据见前述的“过程变量说明”。

2. 停车参考步骤

① 关催化剂阀 V-6。
② 关丙烯进料阀 V-4。
③ 关己烷进料阀 V-5。
④ 将控制器 TIC-01 置手动全开输出。
⑤ 将冷却水阀 V-8 全开。
⑥ 当 LIC-4 下降至 0.0%，反应釜温度 TIC-1 下降到常温 20.0℃，全开放空阀 V-1。
⑦ TIC-1 置手动，全关输出。
⑧ LIC-4 置手动，全关输出。
⑨ 关搅拌 S08。

五、事故设置及排除

1. 催化剂过量（F1）

事故现象 反应温度有所上升，反应压力有所上升，由于温度控制 TIC-1 的作用，冷却量自动增加，温度回降，最终使聚丙烯转化率有所下降。

处理方法 适当减少催化剂量。

合格标准 使聚丙烯转化率合格。

2. 丙烯进料增加（F2）

事故现象 开始时反应釜温、压力和液位有所上升，由于温度控制 TIC-1 的作用，冷却量自动加大，温度回落，最终使聚丙烯转化率有所上升。

处理方法 适当关小丙烯进料量。

合格标准 使聚丙烯转化率合格。

3. 停搅拌（F3）

事故现象 开始时反应压力有所上升（丙烯量相对增加所致），反应温度和反应压力逐渐下降，聚丙烯转化率逐渐下降，最终反应压力也逐渐下降（可能会引发反应釜出料管堵塞或局部暴聚故障。由于涉及设备故障处理，因此考核系统没有模拟）。

处理方法 开搅拌电机开关 S08。

合格标准 反应系统各参数逐步正常。

4. 夹套冷却水流量减小（F4）

事故现象 反应温度和压力上升，聚丙烯转化率上升。

处理方法 开大夹套冷却水阀门。

合格标准 反应系统各参数恢复正常。

5. 超温超压紧急放空（F5）

事故现象 反应失控，超温超压。

处理方法 紧急放空，切断丙烯进料，全开冷却水流量，切断催化剂进料。

合格标准 反应釜温度稳定下降到25℃以下。

六、开车评分信息

本软件装有三种开车评分信息画面。

1. 简要评分牌

简要评分牌可随时按功能选择键盘的“Sc”键调出。本评分牌显示当前的开车步骤成绩、开车安全成绩、正常工况质量（设计值）和开车总平均成绩。为了有充分的时间了解成绩评定结果，仿真程序处于冻结状态。按键盘上的“空格”键返回。

2. 开车评分记录

开车评分记录画面能随时调出。本画面记录了开车步骤的分项得分、工况评分的细节、总报警次数及报警扣分信息，如图5-4所示。

图5-4 开车评分记录画面

3. 趋势画面

本软件的趋势画面记录了重要变量的历史曲线，可以与评分记录画面配合对开车全过程进行评价，如图 5-3 所示。

七、开车评分标准

1. 开车步骤评分要点

① 检查所有阀门、电机开关全关	10 分
② 开己烷进料阀 V-5	10 分
③ 开丙烯进料阀 V-4	10 分
④ 开催化剂阀 V-6	10 分
⑤ 开搅拌电机开关 S08	10 分
⑥ 开低压蒸气阀 V-10，诱发反应	12 分
⑦ 反应釜液位＞75%	12 分
⑧ 反应釜温度 TIC-1＞68.0℃	12 分
⑨ 开冷却水阀 V8＞40%	12 分

总计：98 分

2. 正常工况质量评分要点

① 己烷进料量 1400kg/h<FR-5<1600kg/h	10 分
② 丙烯进料量 710kg/h <FR-4<850kg/h	10 分
③ 催化剂量 85kg/h <FR-6<100kg/h	10 分
④ 反应釜液位 75%<LIC-4<85%，投自动	10 分
⑤ 反应温度 68.0℃<TIC-1<72.0℃，投自动	20 分
⑥ 夹套冷却水用量 20t/h <FI-8<30 t/h	10 分
⑦ 反应转化率 9.5%<AI-1<12%	18 分
⑧ 反应压力 1.10MPa<PI-7<1.35MPa	10 分

总计：98 分

八、安全关注点

安全关注点见图 5-5。

① 本反应的危险是迅速放热和丙烯迅速气化，高温急剧超压。泄漏后极易燃烧爆炸。

② 本反应规定正常反应温度为 70℃，非正常工况最高不得超过 76℃，最高压力不得超

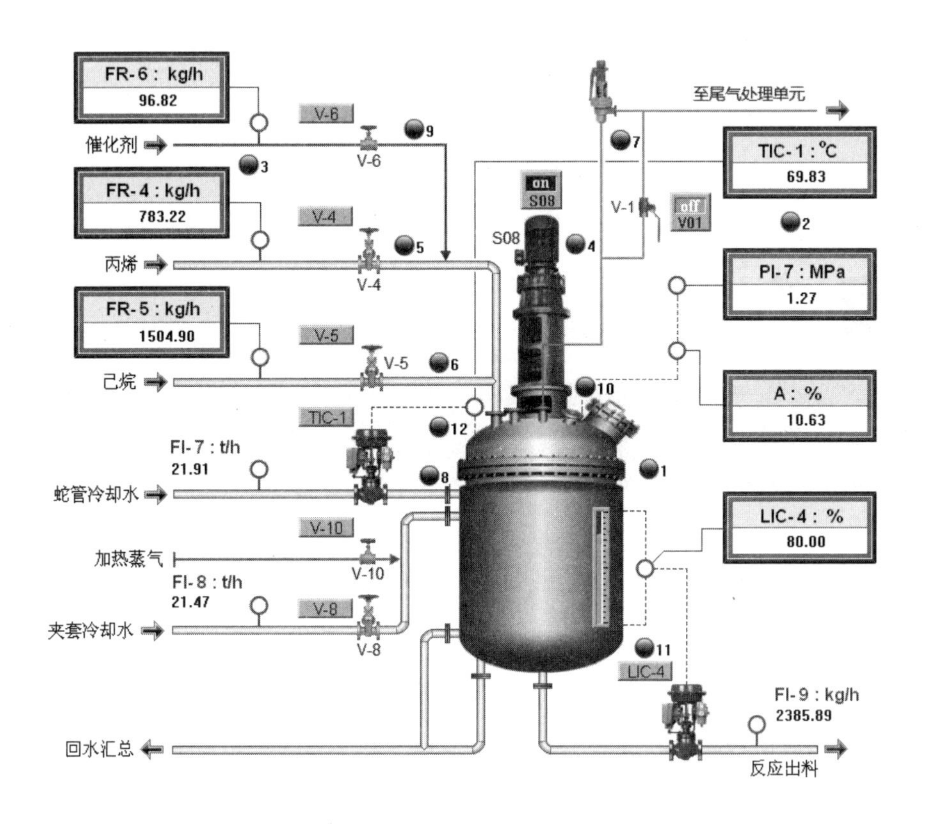

图 5-5　连续反应系统的安全关注点

过 1.5MPa。

③ 严格按规程控制物料加入量，特别是丙烯和催化剂不得过量。

④ 搅拌器失效，未反应物会积累分层，导致絮状聚丙烯沉降堵塞、冷却失效、局部暴聚超压或短时反应速率减缓假象。

⑤ 无丙烯进料，没有化学反应。系统升温时压力上升（己烷的蒸气压）。

⑥ 无己烷进料，会发生强烈的反应，温度和压力都会超高，导致爆炸燃烧事故。

⑦ 气体排放系统在非正常工况下必须有充分的容量和可靠性。尾气回收和处理必须充分有效。

⑧ 必须设有多重冷却系统，在非正常工况下必须确保有充分的冷却量。

⑨ 催化剂过量或反应温度超限，都会使反应剧烈程度增加。

⑩ 关注搅拌密封处泄漏，随时维护。

⑪ 随时关注反应釜液位，不得超限，防止出料管堵塞事故发生。

⑫ 随时关注与反应器直连的法兰、阀门（V-4，V-5，V-6）和管线泄漏，特别是反应超压时，必须及时处理，以防火灾或爆炸。

第六章 间歇反应系统

一、工艺流程简介

间歇反应过程在精细化工、制药、催化剂制备、染料中间体、火炸药等行业应用广泛。本间歇反应的特点有：物料特性差异大；多硫化钠需要通过反应制备；反应属放热过程，由于二硫化碳的饱和蒸气压随温度上升而迅猛上升，冷却操作不当会发生剧烈爆炸；反应过程中有主、副反应的竞争，必须设法抑制副反应，然而主反应的活化能较高，又期望较高的反应温度。如此多种因素交织在一起，使本间歇反应具有典型代表意义。本系统既有聚合反应的特点（非高分子聚合，故称“缩合”），又是多级硫化反应，同时也是强放热反应，因此属于典型高危险性化工工艺过程。

在叙述工艺过程之前必须说明，选择某公司有机厂的硫化促进剂间歇反应岗位为参照，目的在于使本仿真培训软件更具有工业背景，但并不拘泥于该流程的全部真实情况。为了使软件通用性更强，对某些细节做了适当的变通处理和简化。

有机厂缩合反应的产物是橡胶硫化促进剂 DM 的中间产品。它本身也是一种硫化促进剂，称为 M，但活性不如 DM。

DM 是各种橡胶制品的硫化促进剂，它能大大加快橡胶硫化的速度。硫化作用能使橡胶的高分子结构变成网状，从而使橡胶的抗拉断力、抗氧化性、耐磨性等加强。它和促进剂 D 合用适用于棕色橡胶的硫化，与促进剂 M 合用适用于浅色橡胶的硫化。

本间歇反应岗位包括了备料工序和缩合工序。基本原料为 4 种：硫化钠（Na_2S）、硫黄（S）、邻硝基氯苯（$C_6H_4ClNO_2$）及二硫化碳（CS_2）。

备料工序包括多硫化钠制备与沉淀、二硫化碳计量以及邻氯苯计量。

1. 多硫化钠制备反应（考核时取消本实操内容）

此反应是将硫黄（S）、硫化钠（Na_2S）和水混合，以蒸汽加热、搅拌，在常压开口容器中反应，得到多硫化钠溶液。反应时有副反应发生，此副反应在加热接近沸腾时才会有显著的反应速度。因此，多硫化钠制备温度不得超过85℃。

多硫化钠的含硫量以指数 n 表示。实验表明，硫指数较高时，促进剂的缩合反应产率提高。但当 n 增加至4时，产率趋于定值。此外，当硫指数过高时，缩合反应中析出游离硫的量增加，容易在蛇管和夹套传热面上结晶而影响传热，使反应过程中压力难于控制，所以硫指数应取适中值。

2. 二硫化碳计量（考核时取消本实操内容）

二硫化碳易燃易爆，不溶于水，密度大于水，因此，可以采用水封隔绝空气，保障安全。同时还能利用水压将储罐中的二硫化碳压至高位槽。高位槽具有夹套水冷系统。

3. 邻硝基氯苯计量（考核时取消本实操内容）

邻硝基氯苯熔点为31.5℃，不溶于水，常温下呈固体状态。为了便于管道输送和计量，必须将其熔化，并保存于具有夹套蒸汽加热的储罐中。计量时，利用压缩空气将液态邻硝基氯苯压至高位槽，高位槽也具有夹套保温系统。

4. 缩合反应工序

缩合反应工序历经下料（考核时预置全部下料操作步骤完成）、加热升温、冷却控制、保温、出料及反应釜清洗阶段（考核时取消出料及反应釜清洗操作内容）。

邻硝基氯苯、多硫化钠和二硫化碳在反应釜中经夹套蒸汽加入适度的热量后，将发生复杂的化学反应，产生促进剂M的钠盐及其副产物。缩合反应不是一步合成，实践证明还伴有副反应发生。缩合收率的大小与这个副反应有密切关系。当硫指数较低时，反应是向副反应方向进行。主反应的活化能高于副反应，因此提高反应温度有利于主反应的进行。但在本反应中若升温过快、过高，将可能造成不可遏制的爆炸，进而产生危险事故。

保温阶段之目的是尽可能多地获得所期望的产物。为了最大限度地减少副产物的生成，必须保持较高的反应釜温度。操作员应经常注意釜内压力和温度，当温度和压力有所下降时，应向夹套内通入适当蒸汽以保持原有的釜温、釜压。

缩合反应历经保温阶段后，接着利用蒸汽压力将缩合釜内的料液压入下道工序。出料完毕，用蒸汽吹洗反应釜，为下一批作业做好准备。本间歇反应岗位操作即告完成。

二、流程图说明

完整的间歇反应工艺流程如图6-1所示。

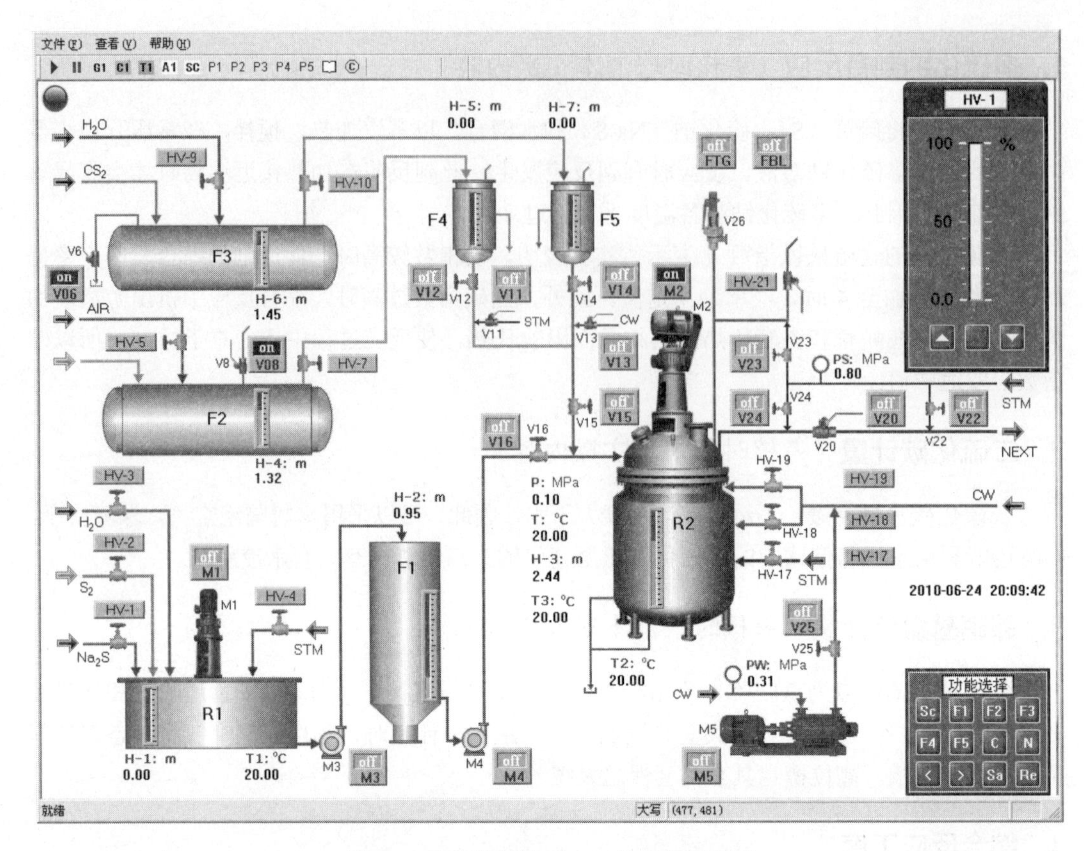

图 6-1　完整的间歇反应工艺流程图画面

R1 是敞开式多硫化钠反应槽。用手操阀 HV-1 加硫化钠（假定是流体，以便仿真操作），用手操阀 HV-2 加硫黄（假定是流体，以便仿真操作），用手操阀 HV-3 加水，用手操阀 HV-4 通入直接蒸汽加热。反应槽装有搅拌，其电机开关为 M01。反应槽液位由 H-1 指示，单位 m，温度由 T1 指示。R1 中制备完成的多硫化钠，通过泵 M3 打入立式圆桶形沉淀槽 F1，液位由 H-2 指示，单位 m。经沉淀的多硫化钠清液从 F1 沉淀层的上部引出，通过泵 M4 及出口阀 V16 打入反应釜 R2。F1 中的固体沉淀物从底部定期排污。

F2 是邻硝基氯苯原料的卧式储罐。为了防止邻硝基氯苯原料在常温下凝固，F2 装有蒸汽夹套保温，物料液位由 H-4 指示，单位 m。F2 顶部设压缩空气管线，手操阀 HV-5 用于导入压缩空气，以便将邻硝基氯苯压入高位计量槽 F4。F2 顶部还装有放空管线和放空阀 V8，当压料完成时泄压用。插入 F2 罐底的管线连接至邻硝基氯苯计量槽 F4 的顶部。手操阀 HV-7 用于调节邻硝基氯苯上料流量。F4 设料位指示 H-5，单位 m。F4 顶有通大气的管线，防止上料及下料不畅。F4 的 1.2 m 高处设溢流管返回收罐，用于准确计量邻硝基氯苯。F4 亦用蒸汽夹套保温。下料管经阀门 V12 和 V15 连接反应釜 R2。为防止邻硝基氯苯凝固堵管，设蒸汽吹扫管线，V11 为吹扫蒸汽阀门。

F3 是二硫化碳原料的卧式储罐。为了防止二硫化碳挥发逸出导致着火爆炸，利用二硫化碳比水重且不溶于水的特性，在 F3 上装有水封。二硫化碳液位由 H-6 指示，单位 m。F3 顶部设自来水管线，手操阀 HV-9 用于导入有压自来水，以便将二硫化碳压入高位计量槽 F5。

F3 顶还装有泄压管线和泄压阀 V6，当压料完成时泄压用。插入 F3 罐底的管线连接至二硫化碳计量槽 F5 的顶部。手操阀 HV-10 用于调节二硫化碳上料流量。F5 设料位指示 H-7，单位 m。F5 顶部设有通大气的管线，防止上料及下料不畅。F5 的 1.4m 高处设溢流管返回收罐，用于准确计量二硫化碳。F5 用冷却水夹套降温，防止二硫化碳挥发逸出导致燃烧爆炸。下料管经阀门 V14 和 V15 连接反应釜 R2。为防止下料管线温度高导致二硫化碳挥发逸出，设冷却水管线，V13 为冷却水阀门。

前面的操作内容不在考核范围之内。考核用的间歇反应工艺流程如图 6-2 所示，只涉及反应釜及其加热、冷却系统和安全措施部分。

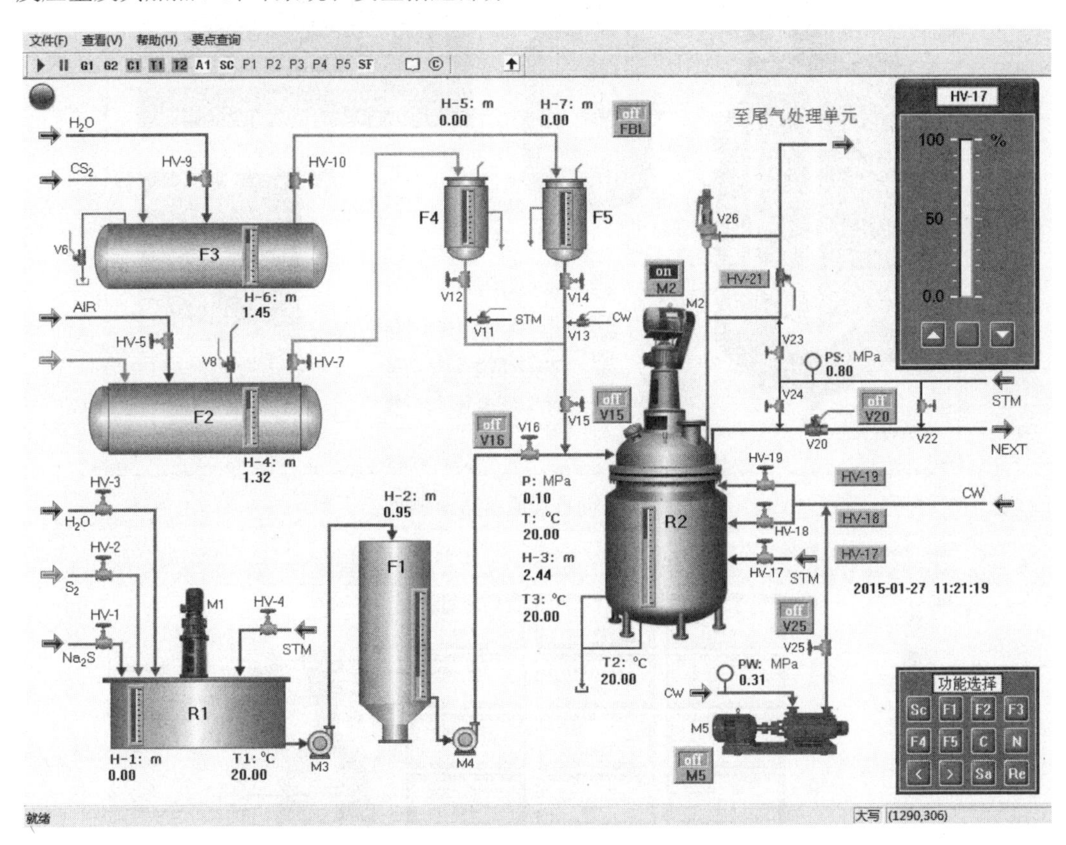

图 6-2　考核用的间歇反应工艺流程

反应釜 R2 是本间歇反应的主设备。为了及时观察反应状态，R2 顶部设压力表 P，单位 MPa；设釜内温度表 T，单位℃；料位计 H-3，单位 m。反应釜夹套起双重作用：在诱发反应阶段用手操阀门 HV-17 通蒸汽加热；在反应诱发后用手操阀门 HV-18 通冷却水降温。反应釜内设螺旋蛇管，在反应剧烈阶段用于加强冷却，冷却水手操阀门为 HV-19。冷却水管线与多级高压水泵出口相连。高压泵出口阀为 V25，电机开关为 M5。插入反应釜底的出料管线经阀门 V20 至下一工序。为了防止反应完成后出料时硫黄遇冷堵管，自 V20 至釜内的管段由阀门 V24 引蒸汽吹扫，自 V20 至下工序的管段由阀门 V22 引蒸汽吹扫。阀门 V23 引蒸汽至反应釜上部汽化空间，用于将物料压至下工序。釜顶设放空管线，手操阀门 HV-21 为放空阀。V26

是反应釜的安全阀。温度计 T2、T3 分别为夹套与蛇管出水测温计。

常见间歇反应器结构画面如图 6-3 所示，软件各画面（图 6-2 和图 6-4）中的设备、阀门及仪表分列如下。

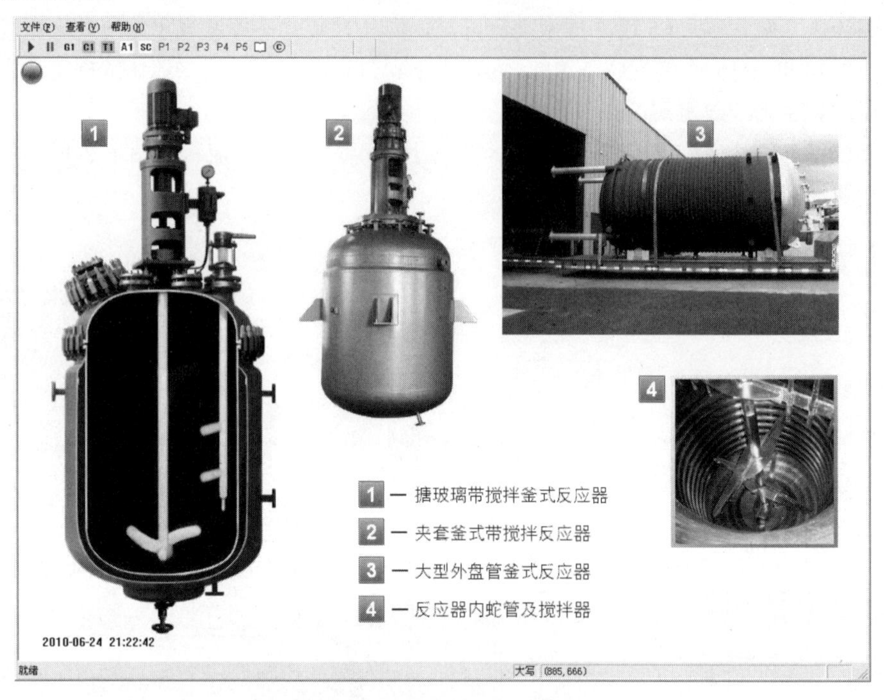

图 6-3 间歇反应器结构画面

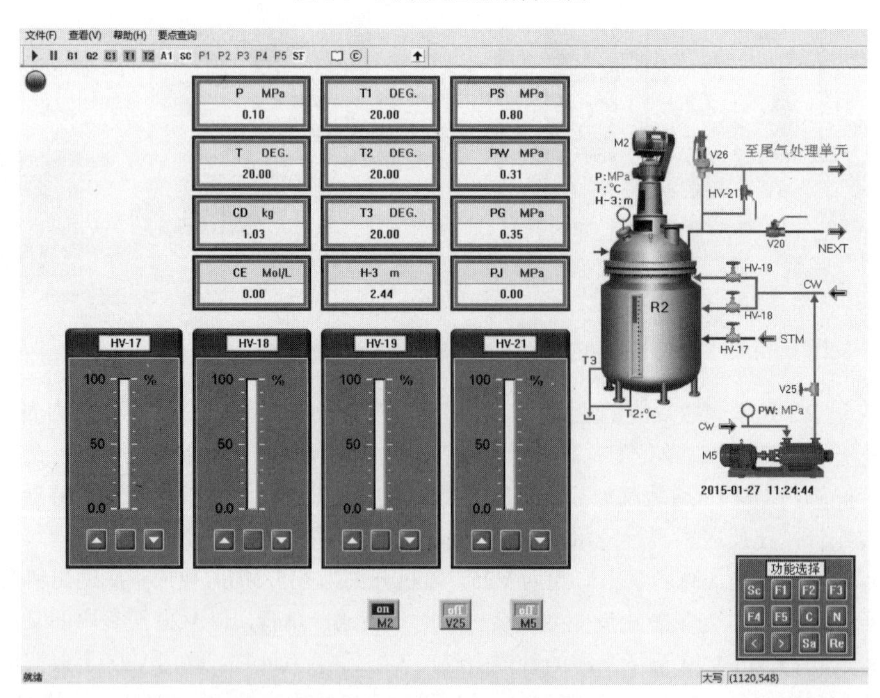

图 6-4 参数指示与操作画面

1. 工艺设备（标有“*”号的设备不在考核操作之列）

R1	多硫化钠制备反应器*	R2	缩合反应釜
F1	多硫化钠沉淀槽*	F2	邻硝基氯苯储罐*
F3	二硫化碳储罐*	F4	邻硝基氯苯计量槽*
F5	二硫化碳计量槽*	M1	多硫化钠制备反应器搅拌电机*
M2	缩合反应釜搅拌电机	M3	多硫化钠输送泵 1 电机*
M4	多硫化钠输送泵 2 电机*	M5	高压水泵电机

2. 指示仪表（仅列出考核涉及的参数）

P	反应釜压力	MPa
T	反应釜温度	℃
T2	夹套冷却水出口温度	℃
T3	蛇管冷却水出口温度	℃
H-3	缩合釜液位	m
PS	主蒸汽压力	MPa
PW	冷却水压力	MPa
PJ	当夹套加热时蒸汽压力	MPa
CD	主产物浓度（用质量 M 计量）	kg
CE	副产物浓度	mol/L

3. 手操器（仅列出考核涉及的手操器，即手动阀门）

HV-17　夹套蒸汽加热阀
HV-18　夹套水冷却阀
HV-19　蛇管水冷却阀
HV-21　反应釜放空阀

4. 开关与快开阀门（仅列出考核涉及的开关与快开阀门）

V15　反应釜进料阀
V16　反应釜进料阀
V20　反应釜出料阀
V25　高压水泵出口阀
V26　反应釜安全阀
M02　缩合反应釜搅拌开关
M05　高压冷却水泵开关

5. 报警限说明（仅列出考核涉及的报警限）

反应温度超高高限紧急报警　T＞160　℃　（HH）

反应压力高限报警	P＞0.8	MPa	（H）
反应压力高高限报警	P＞1.2	MPa	（HH）
反应釜液位高限报警	H-3＞2.7	m	（H）

间歇反应开车和F4事故排除演示

三、操作说明（仅列出考核操作说明）

1. 缩合反应阶段操作

本部分难度较大，能够训练学员的分析能力、决策能力和应变能力。学员需通过多次反应操作，并根据亲身体验到的间歇反应过程动力学特性，总结出最佳操作方法。

① 认真且迅速检查并确认：放空阀 HV-21，进料阀 V15、V16，出料阀 V20 是否关闭。

② 开启反应釜 R2 搅拌电机 M02，观察釜内温度 T 已经略有上升。

③ 适当打开夹套蒸汽加热阀 HV-17，观察反应釜内温度 T 逐渐上升。注意：加热量的调节应使温度上升速度适中。加热速率过猛，会使反应后续的剧烈阶段失控而产生超压事故；加热速率过慢，会使反应停留在低温压，副反应会加强，影响主产物产率。反应釜的温度和压力是确保反应安全的关键参数，所以必须根据温度和压力的变化来控制反应的速率。

④ 当温度 T 上升至 45℃左右应停止加热，关闭夹套蒸汽加热阀 HV-17。反应此时已被深度诱发，并逐渐靠自身反应的放热效应不断加快反应速度。

⑤ 操作学员应根据具体情况（主要是根据反应釜温度 T 上升的速率），在 0.10～0.20℃/s 以内，当反应釜温度 T 上升至 65℃左右（釜压 0.18MPa 左右），间断小量开启夹套冷却水阀门 HV-18 及蛇管冷却水阀门 HV-19，控制反应釜的温度和压力上升速度，提前预防系统超压。在此特别需要指出的是：开启 HV-18 和 HV-19 的同时，应当观察夹套冷却水出口温度 $T2$ 和蛇管冷却水出口温度 $T3$ 不得低于 60℃。如果低于 60℃，反应物产物中的硫黄（副产物之一）将会在夹套内壁和蛇管传热面上结晶，增大热阻，影响传热，因而大大减低冷却控制作用。特别是当反应釜温度还不足够高时，更易发生此种现象。反应釜温度在 90℃（釜压 0.34MPa 左右）以下副反应速率大于主反应速率，反应釜温度在 90℃以上主反应速率大于副反应速率。

⑥ 反应预计在 95～110℃（或釜压 0.41～0.55MPa）进入剧烈难控的阶段，学员应充分集中精力并加强对 HV-18 和 HV-19 的调节。这一阶段学员既要大胆升压，又要谨慎小心，防止超压。为使主反应充分进行，并尽量减弱副反应，应使反应温度维持在 121℃（或压力维持在 0.69MPa 左右）。但压力维持过高，一旦超过 0.8MPa（反应温度超过 128℃），将会报警扣分。

⑦ 如果反应釜压力 p 上升过快，即使已将 HV-18 和 HV-19 开到最大，仍压制不住压力的上升，可迅速打开高压水阀门 V25 及高压水泵电机开关 M5，进行强制冷却。

⑧ 如果开启高压水泵后仍无法压制反应，当压力继续上升至 0.83MPa（反应温度超过 130℃）以上时，应立刻关闭反应釜 R2 搅拌电机 M2。此时物料会因密度不同而分层，反应速度会减缓。如果强制冷却及停止搅拌奏效，一旦压力出现下降趋势，应关闭 V25 及高压水泵开关 M5，同时开启反应釜搅拌电机开关 M2。

⑨ 如果操作不按规程进行，特别是前期加热速率过猛，加热时间过长，冷却又不及时，反应可能进入无法控制的状态。即使采取了第⑦、第⑧项措施还控制不住反应压力，当压力超过 1.20MPa 已属危险超压状态，将会再次报警扣分，此时应迅速打开放空阀 HV-21，强行泄放反应釜压力。由于打开放空阀会使部分二硫化碳蒸气散失（当然也污染大气，因此放空气体必须进入尾气处理系统），所以压力一旦有所下降，应立刻关闭 HV-21。若关闭阀 HV-21 压力仍上升，可反复数次。需要指出，二硫化碳的散失会直接影响主产物产率。

⑩ 如果第⑦、⑧、⑨三种应急措施都不能见效，反应器压力超过 1.60MPa，将被认定为反应器爆炸事故。此时紧急事故报警闪烁，仿真软件处于冻结状态。成绩为零分。

2. 反应保温阶段

如果控制合适，反应历经剧烈阶段之后，压力 p、温度 T 会迅速下降，此时应逐步关小冷却水阀 HV-18 和 HV-19，使反应釜温度保持在 120℃（压力保持在 0.68～0.70MPa），不断调整直至全部关闭 HV-18 和 HV-19。当关闭 HV-18 和 HV-19 后出现压力下降时，可适当打开夹套蒸汽加热阀 HV-17，仔细调整，使反应釜温度始终保持在 120℃（压力保持在 0.68～0.70MPa）5～10min（实际为 2～3h）。保温之目的在于使反应尽可能充分地进行，以便达到尽可能高的主产物产率。此刻是观看开车成绩的最佳时刻，评分系统能自动记忆学员的这个最高得分峰值。教师可参考记录曲线综合评价学员的开车水平。

四、事故设置及排除

为了训练学员在事故状态下的应变及正确处理能力，本仿真软件可以随机设定 5 种常见重要事故的状态，每次设定其中的一个。5 种事故的现象、排除方法和合格标准分述如下。

1. 压力表堵故障（F1）

事故现象 由于产物中有硫黄析出，压力表测压管口堵塞的事故时有发生。其现象是无论反应如何进行，压力指示 p 不变。此时如果学员不及时发现，一直加热，会导致超压事故。

排除方法 发现压力表堵后，应立即转变为以反应釜温度 T 为主参数控制反应的进行。几个关键反应阶段的参考数据如下。

① 升温至 45～55℃应停止加热。

② 65～75℃开始冷却。

③ 反应剧烈阶段维持在 115℃左右。

④ 反应温度大于 128℃，相当于压力超过 0.8MPa，已处于事故状态。

⑤ 反应温度大于 150℃，相当于压力超过 1.20MPa，处于事故状态。

⑥ 反应温度大于 160℃，相当于压力超过 1.50MPa，已接近爆炸事故。

合格标准 按常规反应标准记分。

2. 无邻硝基氯苯（F2）

事故现象 由于液位计失灵或邻硝基氯苯储罐中料液已压空而错压了混有铁锈的水。从颜色上很难将其同邻硝基氯苯区分开来。这种故障在现场时有发生。主要现象将在反应过程中表现出来，因为反应釜中的二硫化碳只要加热，压力立即迅速上升，一旦冷却，压力立即下降。反应釜中并无任何反应进行。

排除方法 根据现象确认反应釜无邻硝基氯苯后，首先开大冷却水量，使反应釜内温度降至25℃以下。在现场必须重新取样分析，确定补料量及补料措施后重新开车。在仿真培训器上为了提高培训效率，只需按动“补料处理”键“FBL”，即可重新开始反应。

合格标准 学员必须能够及时发现事故，并判断反应釜内无邻硝基氯苯，立刻采取降温措施，停搅拌，按动“补料处理”键“FBL”，再按常规情况重新完成反应。

3. 无二硫化碳（F3）

事故现象 由于液位计失灵或操作失误把水当成料液，使反应釜中无二硫化碳。此时仅有副反应单独进行，温度上升很快，反应也十分剧烈。但由于没有二硫化碳，反应压力不会大幅度上升，即使反应温度超过160℃，压力也不会超过0.7MPa。

排除方法 确认反应釜无二硫化碳后，首先开大冷却水量，使反应釜内温度下降至25℃以下（省去现场取样分析）。停搅拌，按动“补料处理”键“FBL”，就可以重新按常规方法开车反应。

合格标准 学员必须能够及时发现事故，并判断反应釜内无二硫化碳。立刻采取降温措施，停止搅拌，按动“补料处理”键“FBL”，再按常规情况重新完成反应。

4. 超温超压紧急冷却（F4）

事故现象 反应剧烈阶段，夹套和蛇管冷却水全开，仍然无法控制超温超压。
排除方法 启动高压泵，强制冷却。
合格标准 反应温度稳定控制在122℃以下。

5. 超温超压紧急放空（F5）

事故现象 反应失控，冷却水全开，已开高压泵强制冷却，仍无法控制超温超压。
排除方法 紧急放空。
合格标准 反应温度稳定控制在122℃以下。

五、开车评分信息

本软件装有三种开车评分信息画面。

1. 简要评分牌

简要评分牌可随时依照功能按界面上的“Sc”按钮调出。考核成绩考虑的内容包括开车安全成绩、正常工况质量（设计值）和反应过程操作的总平均成绩，不考虑备料部分的开车步骤评分。为了有充分的时间了解成绩评定结果，仿真程序处于冻结状态。按键盘上的“空格”键返回。

2. 开车评分记录

开车评分记录画面能随时调出，如图 6-5 所示。考核成绩涉及工况评分的细节、总报警次数及报警扣分信息，不包括开车步骤的分项得分。由于间歇过程具有阶段性特点，有些分值会随操作阶段而变化，评分系统能自动记忆学员的最高得分峰值。

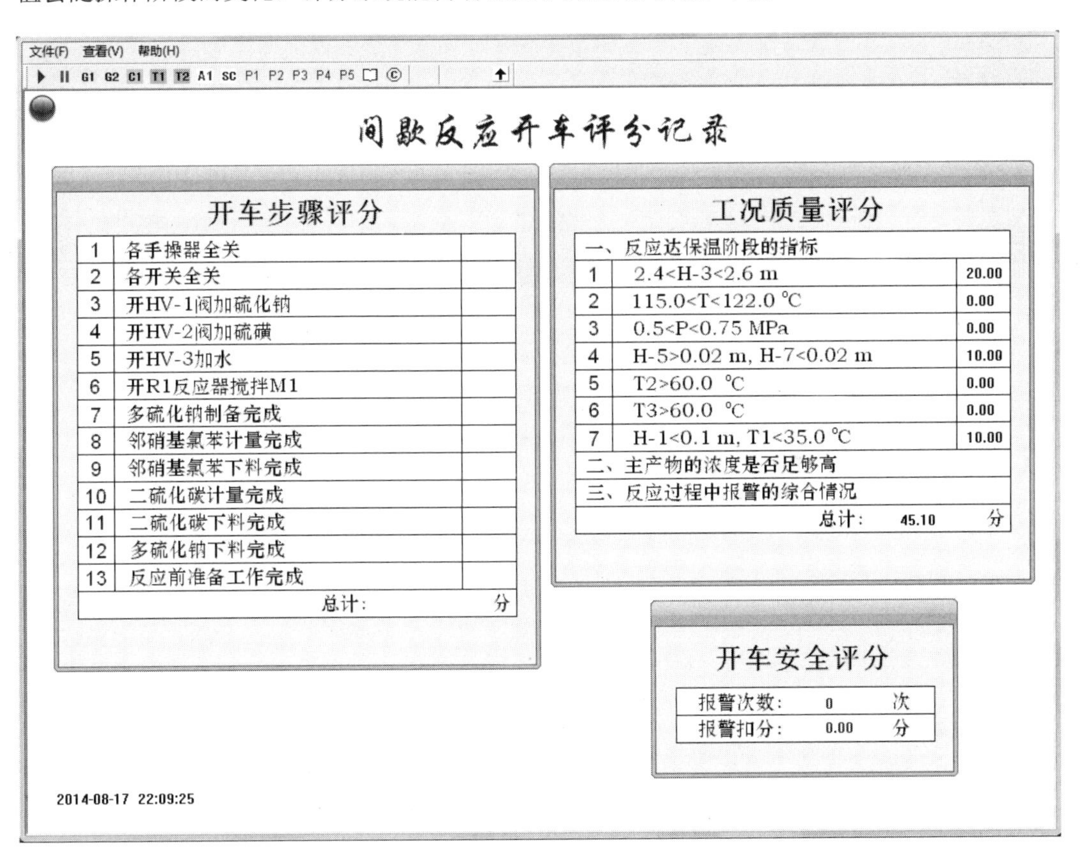

图 6-5 开车评分记录画面

3. 趋势记录

本软件的趋势画面记录了重要变量的历史曲线，可以与评分记录画面配合，对开车全过程进行评价。典型的间歇反应趋势记录曲线如图 6-6 所示。

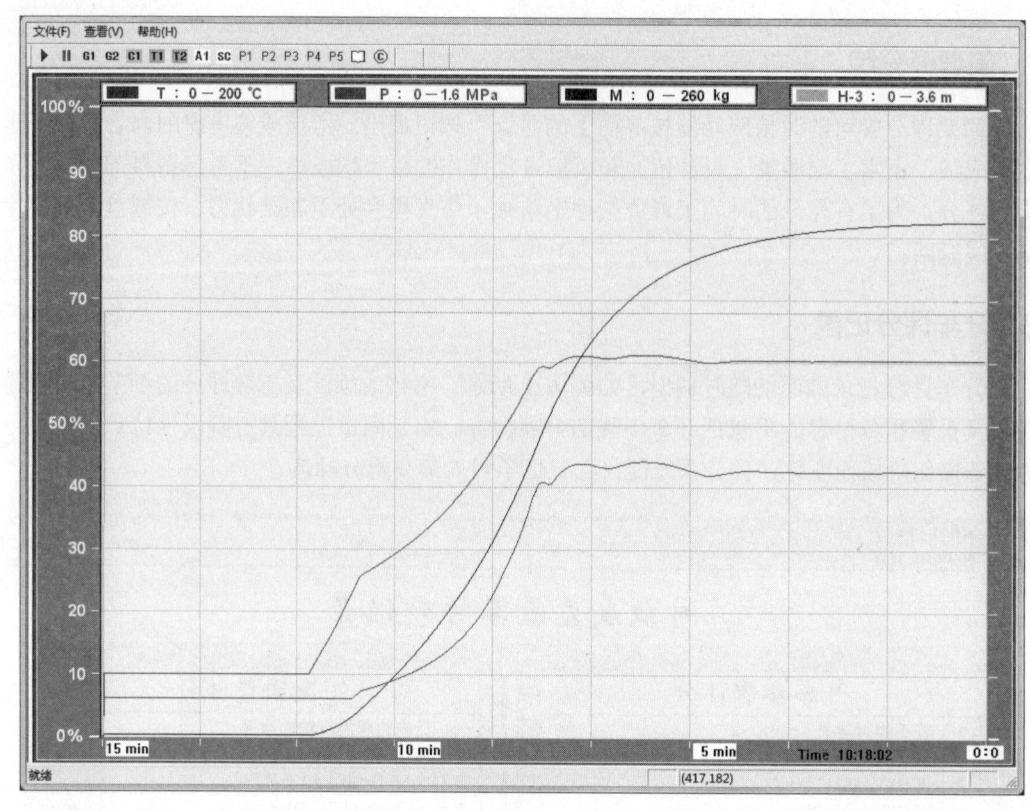

图 6-6　典型的间歇反应趋势记录曲线

六、开车评分标准

1. 开车步骤评分要点（不属于考核范围）

略。

2. 正常工况质量评分要点

（1）反应达保温阶段的指标（N1）

① 2.4＜H-3＜2.6	m	20 分
② 115＜T＜122	℃	20 分
③ 0.5＜P＜0.75	MPa	20 分
④ H-5＜0.02m，H-7＜0.02m		10 分
⑤ T2＞60	℃	10 分
⑥ T3＞60	℃	10 分
⑦ H-1＜0.1m，T1＜35℃		10 分

（2）主产物的浓度是否足够高（N2）

（3）反应过程中的报警综合情况（N3）

$$质量总分=f（N1，N2，N3）$$

七、安全关注点

间歇反应系统的安全关注点如图6-7所示。

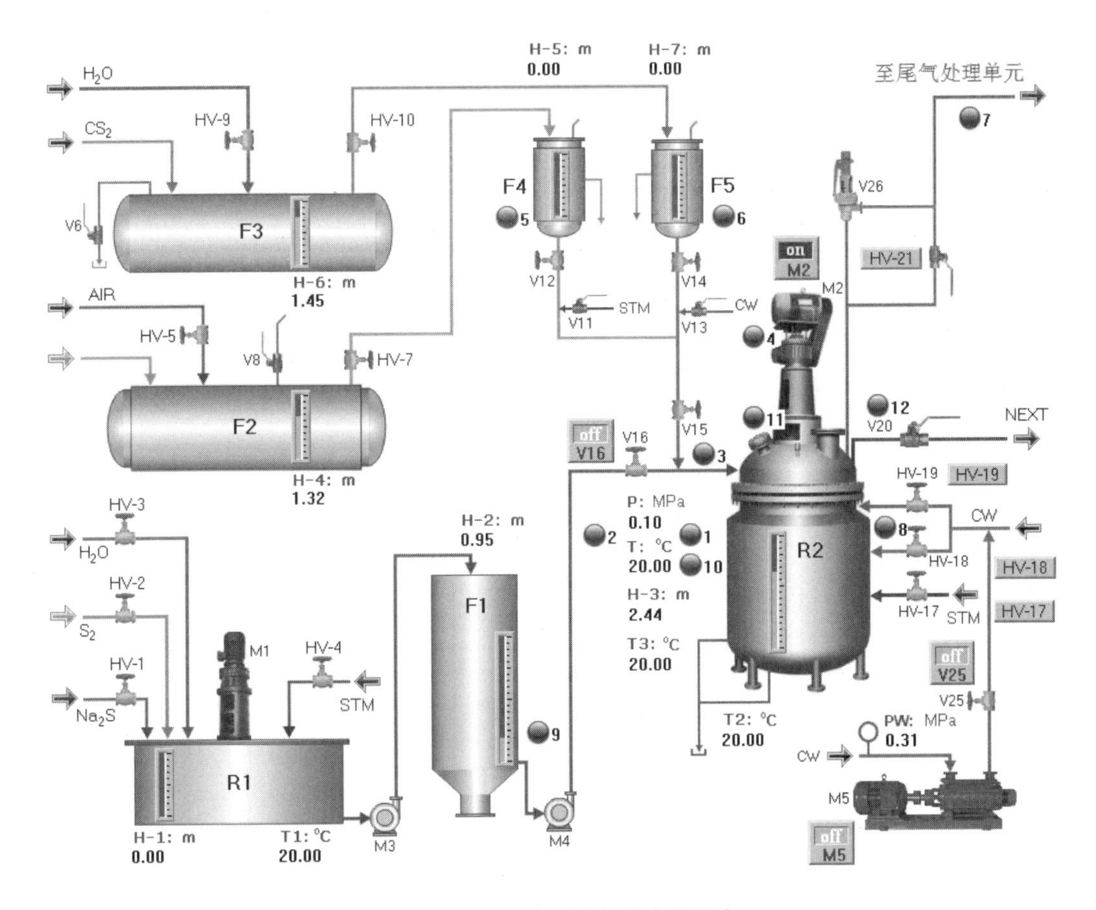

图6-7 间歇反应系统的安全关注点

① 本反应的危险是迅速放热和二硫化碳迅速气化，高温时急剧超压，泄漏后极易燃烧爆炸。

② 本反应规定反应操作的最高温度为122℃，不得超过130℃，最高压力不得超过0.85MPa。

③ 严格按规程控制物料加入量，特别是二硫化碳不得过量。

④ 搅拌器失效，未反应物会积累分层，出现反应速率减缓假象。

⑤ 无邻硝基氯化苯，没有化学反应，但二硫化碳会在加热时气化，导致压力升高。

⑥ 无二硫化碳，会发生强烈的副反应，温度高，但压力不会太高。

⑦ 气体排放系统在非正常工况下必须有充分的容量和可靠性。尾气处理必须充分有效。

⑧ 必须设有多重冷却系统，在非正常工况下必须确保有充分的冷却量。

⑨ 多硫化钠硫指数过高，会使反应剧烈程度增加。

⑩ 由于压力取压管会因为釜内升华的硫黄堵塞失效，温度计必须灵敏可靠。

⑪ 关注搅拌密封处泄漏，随时维护。

⑫ 随时关注与反应器直连的法兰、阀门（V20，V15，V16）和管线泄漏（包括阀门内漏），特别是反应超压时，必须及时处理，以防火灾或爆炸。

第七章 加热炉系统

一、工艺流程简介

石油化工领域常见的加热炉主要用于使物料升高温度。从结构上看，加热炉可以分解成燃烧器、燃料供给系统、炉体及有关的控制系统及紧急事故时的安全保护系统。其中炉体主要包括空气流道、燃烧段、辐射段、对流段、烟筒及调节空气流量的挡板。由于本加热炉选自汽油或煤油加氢脱硫装置，被加热的物料为汽油或煤油，本系统属于高危险性化工工艺过程。

1. 流程简述

本加热炉所使用的燃料气主要含甲烷与氢气，其百分比组成如下：

CH_4	34.5%	C_2H_6	11.3%	C_3H_8	6.6%
C_4H_{10}	4.9%	C_5H_{10}	0.7%	H_2	38.2%
N_2	3.8%				

燃料气供给管路系统在加热炉的结构中是较复杂的部分。燃料气首先经过供气总管从界区引到炉前。该管道的端头下部连有一个气液分离罐。分离罐设两路排放管线：一路将燃料气中所夹带的水和凝液排入地沟；另一路将燃料气管线中可能滞留的空气排入火炬系统。

在距供燃气管线端头 2m 处有一分支管线，将燃料气引入加热炉。此管线上设紧急切断阀 HV-02，这个阀门由控制室遥控开或关。当出现燃料气异常，如突然阻断引起炉膛熄火事故时，应首先关闭此阀。加热炉停车时也应关闭此阀。管线上装有流量变送器及孔板，用来检测记录燃料气的流量 FI-01。计量单位为 m^3（标准状况）/d。另外，由一现场压力表 PI-02 显示燃料气的总压，正常值为 0.5～0.8MPa。

管线引至炉底分成两路：一路供主燃烧器使用；另一路供副燃烧器使用。在主燃烧器管线上设炉出口温度控制阀（调节阀），通过调节燃气的流量来控制炉出口温度。现场压力 PI-03 指示主燃烧器供气支管压力。在副燃烧器供气管线上装有一个自力式压力控制器 PC-01，当燃料气总压波动时，维持副燃烧器支管压力为 0.32MPa，通过现场压力表 PI-04 指示。

滞留在主、副燃烧器支管中的水或非燃料气，如空气、氮气等，通过 V1、V2、V3 排入地沟或火炬系统。

加热炉的两个主燃烧器分别通过阀门 V4、V5 或 V9、V10 同主燃烧器供气管相连。两个副燃烧器分别通过阀门 V6、V7 或 V11、V12 同副燃烧器供气管相连。

炉膛蒸汽吹扫管线上设置 V8 阀，蒸汽由此管线进入炉膛。

加热炉物料为煤油，来自分离塔塔釜，经过加热后返回塔釜。加热炉在分离塔中起再沸器的作用。对于沸点较高的物料常用此方法。煤油入口管线设置切断阀 HV-01、流量检测孔板及控制阀（调节阀）。煤油进入炉内首先经过对流段。对流段的结构相当于列管式换热器，其作用是回收烟气中的余热将煤油预热。烟气走管间（壳程），煤油走管内（管程）。对流段的入口和出口分别由温度 TI-01 和 TI-02 指示。

对流段流出的煤油全部进入辐射段炉管，接受燃烧器火焰的辐射热量，达到所需要的加热温度后出加热炉。炉管外表面和出口装有温度指示 TI-03 和 TRC-01 调节。

加热炉炉体与烟筒总共高 15m，进入炉体的空气量由挡板 DO-01 的开度调节。空气的吸入是在炉内热烟气与炉外冷空气的密度差推动下自然进行。对流段烟气出口处设烟气温度检测 TI-04、烟气含氧量在线分析检测点 AI-01 及挡板开度调节与检测 DO-01。炉膛中装有炉膛压力检测点 PI-01。

工业常用的圆筒加热炉见图 7-1。

图 7-1　工业圆筒加热炉画面

2. 燃烧器的组成及工作原理

燃烧器是加热炉直接产生热量的设备。每一个主燃烧器配备一个副燃烧器和点火孔，构成一组。主燃烧器的供气管口径大，燃烧时产生的热量也大；副燃烧器口径小，燃烧时产生的热量很小，主要用于点燃主燃烧器。

点火的正确步骤是：先用蒸汽吹扫炉膛，检测确认炉膛中不含可燃性气体后，将燃烧的点火棒插入点火孔，再开启副燃烧器的供气阀门。待副燃烧器点燃并经过一段时间的稳定燃烧后，即可直接打开主燃烧器供气阀，副燃烧器的火焰会立刻点燃主燃烧器。如果点火顺序不对，可能发生炉膛爆炸事故。

炉子的加热负荷越大，燃烧器的组数也越多。本加热炉系统包括两组主燃烧器。

3. 挡板在燃烧中的作用

装在烟道内的挡板可以由全关状态连续开启至全开状态（0～100％）。前面已提到本加热炉的进风为自然吸风，因此挡板的作用主要用于控制进入炉膛的空气量。进入炉膛空气量的多少决定了燃烧反应的程度，即相当于一定的进风量。燃料气供给量过大，将会产生不完全燃烧；而进风量过大，将使烟气带走的热量增加。所以，正确的操作应当是保证完全燃烧的前提下，尽量减少空气进入量，即挡板的开度必须适中，不能过大，也不能过小。

在炉子运行过程中，调整挡板时还应注意的一点是，当炉膛处于不完全燃烧时，开启挡板不得过快，否则会使大量空气进入炉膛，由于不完全燃烧，炉膛中有过剩的高温燃料气，会立刻全面燃烧，从而引发二次爆炸事故。

在炉膛处于燃烧的情况下，挡板开度较大，炉膛进风量大，炉膛负压（mmH_2O[1]）升高，同时烟气中的含氧量也升高。反之，负压下降，烟气中的含氧量减少，甚至为正压。正常工况应使炉膛内形成微负压$-3.5\sim-6.0mmH_2O$。烟气中的含氧量应为1.0％～3.0％，含氧量大于3％说明空气量过大，含氧量小于0.8％说明处于不完全燃烧状态。

4. 加热炉控制系统及特点

加热炉控制系统的目的是当炉出口温度达到要求值（300℃）后使其维持不变。本加热炉的温度控制回路（TRC-01）是通过主燃烧器供气管的燃料气流量，使炉出口温度达到给定值。该控制系统是一个单回路的常规控制方案。比较特殊的地方不在控制器及回路本身，而在控制阀（调节阀）的特殊构造上。此控制阀（调节阀）在全关时仍能保持一个最小开度，以防主燃烧器熄火。

副燃烧器的供气量很小，所以采取压力自力式调节将供气压力维持在 0.32MPa，以保持长明状态。

由于采用了以上控制方案，在紧急事故状态或停车时，必须将紧急切断阀 HV-02 彻底关断。

加热炉控制组画面见图 7-2。

---

[1] $1mmH_2O=9.78Pa$。

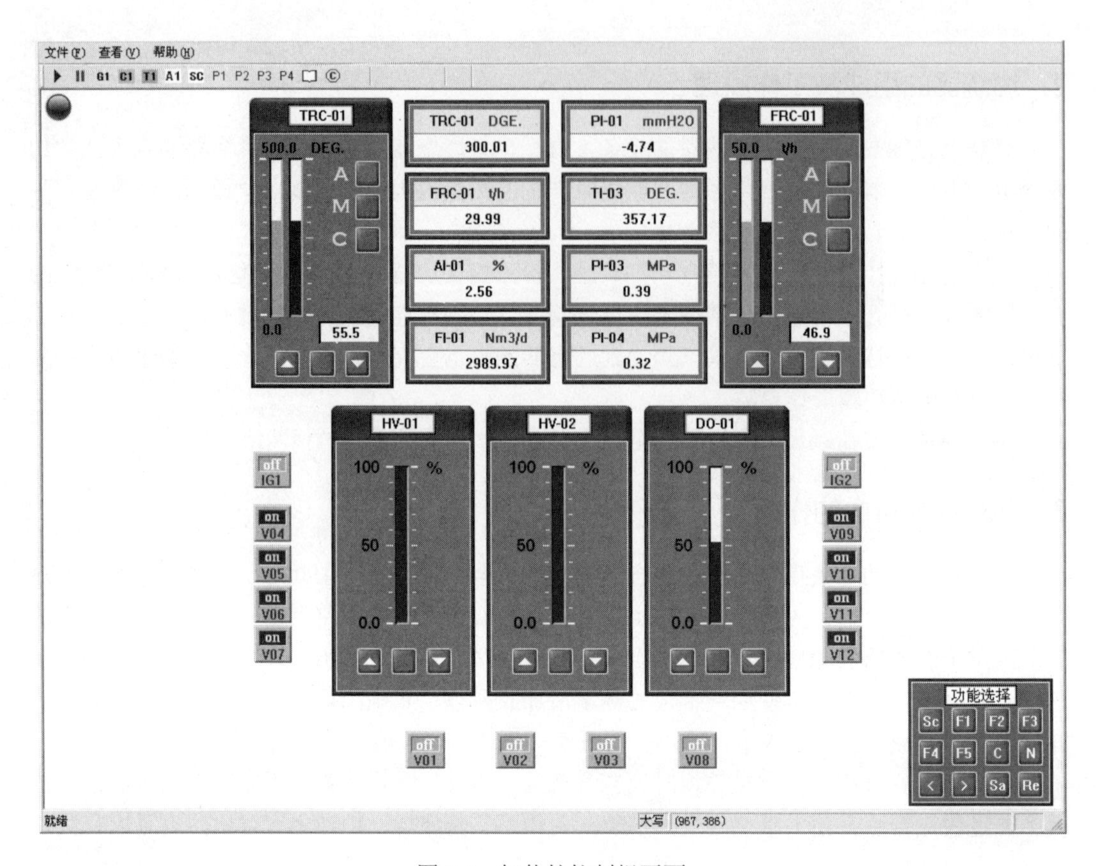

图 7-2 加热炉控制组画面

二、流程图说明

加热炉工艺流程图（图 7-3）中的控制仪表及操作设备的说明如下。

1. 指示仪表

FI-01 燃料气流量 m^3（标准状况）/d

TI-01 煤油入口温度 ℃

TI-02 加热炉对流段出口温度 ℃

TI-03 辐射段炉管表面温度 ℃

TI-04 对流段烟气出口温度 ℃

PI-01 炉膛压力 mmH_2O

PI-02 燃料气总压力 MPa

PI-03 主燃烧器供气管分压力 MPa

PI-04 副燃烧器供气管分压力 MPa

DO-01 挡板开度 %

AI-01 烟气含氧量 %

2. 控制器

FRC-01 被加热物料煤油流量控制器 t/h

TRC-01　煤油出口温度控制器　℃

PC-01　副燃烧器供气压力自力式控制器　MPa

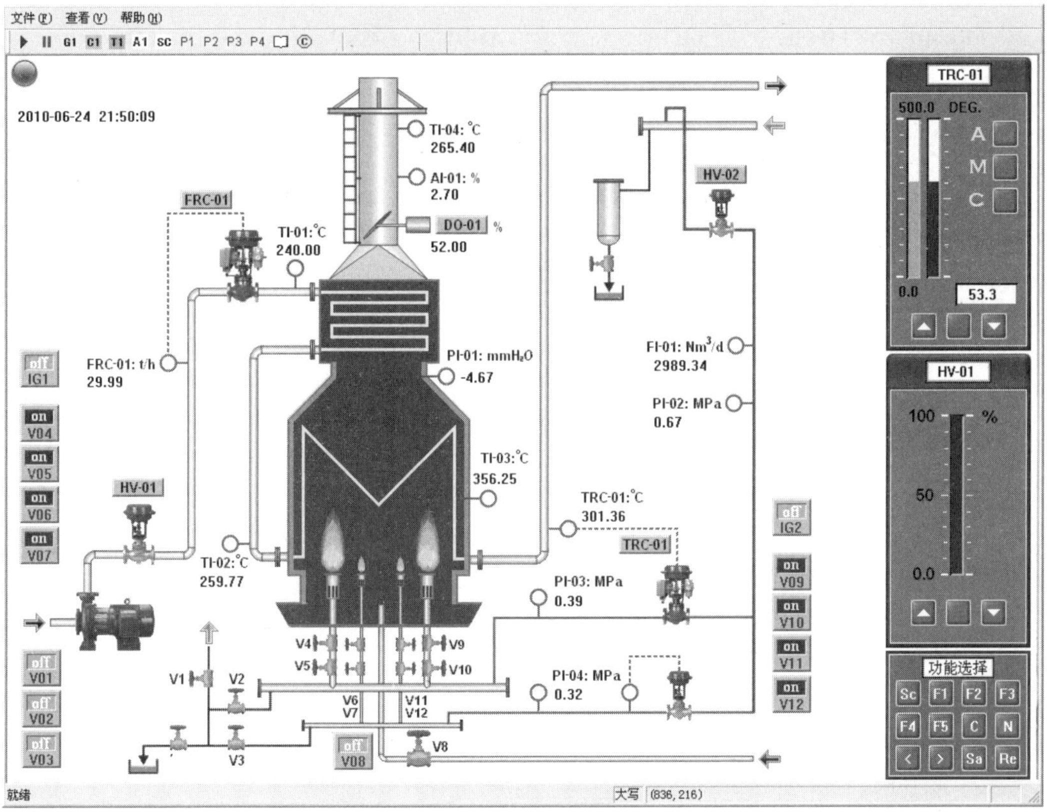

图 7-3　加热炉工艺流程图画面

3. 手操器

HV-01　煤油切断阀

HV-02　燃料气紧急切断阀

DO-01　烟气挡板

4. 开关及快开阀门

V1	至火炬泄放阀	V2	副燃烧器供气管路泄放阀
V3	主燃烧器供气管路泄放阀	V4	1号主燃烧器供气前阀
V5	1号主燃烧器供气后阀	V6	1号副燃烧器供气前阀
V7	1号副燃烧器供气后阀	V8	蒸汽吹扫阀
V9	2号主燃烧器供气前阀	V10	2号主燃烧器供气后阀
V11	2号副燃烧器供气前阀	V12	2号副燃烧器供气后阀
IG1	1号点火开关	IG2	2号点火开关

5. 报警限（H：高限报警　L：低限报警）

TRC-01	＜295℃	（L）	TRC-01	＞310℃	（H）
FRC-01	＜3.0 t/h	（L）	AI-01	＞5.0％	（H）
AI-01	＜0.5％	（L）	PI-01	＞0.0 mmH_2O	（H）

加热炉开车和F1事故排除演示

三、操作说明

1. 加热炉冷态开车操作步骤

① 检查以下各阀门和设备是否完好：
燃料气紧急切断阀 HV-02；
加热炉出口温度控制阀（调节阀）（TRC-01）；
副燃烧器供气压力控制阀（调节阀）（PC-01）；
挡板 DO-01 从 0～100％开关试验。

② 检查以下各阀门是否关闭：
各主燃烧器阀门 V4、V5、V9、V10；
各副燃烧器阀门 V6、V7、V11、V12；
燃料气紧急切断阀 HV-02；
供气管泄放阀 V1、V2、V3；
炉膛蒸汽吹扫阀 V8。

③ 将控制器 TRC-01 与 FRC-01 置手动。

④ 全开煤油入口阀 HV-01，手调 FRC-01 输出，使煤油流量达到 10t/h 左右，炉管中有大于最小流量（3.0t/h）的煤油流过。

⑤ 全开燃料气紧急切断阀 HV-02，手动 TRC-01 置输出 30％左右。

⑥ 开启 V1、V2、V3 泄放阀，放掉供气管中残存的非燃料气体，供气管中充满燃料气后，关闭 V1、V2、V3。手动 TRC-01 置输出为零。

⑦ 全开挡板 DO-01，为蒸汽吹扫做准备。

⑧ 打开蒸汽阀 V8，吹扫炉膛内可能滞存的可燃性气体。确认炉内可燃性气体在爆炸限以下时关闭 V8，可转入下一步。此处以氧含量 AI-01 低于 15.0％为准（关闭 V8 后氧含量上升属正常），否则继续吹扫炉膛。

⑨ 将挡板 DO-01 关小到 50％左右，准备点火。

⑩ 开一号点火器，本操作以开 IG1 开关表示。

⑪ 开 IG1 后持续时间必须超过 3s，方能开启一号副燃烧器的前阀 V6 与后阀 V7。

⑫ 观察一号副燃烧器火焰是否出现，如果出现火焰，说明一号副燃烧器已点燃。注意点火的顺序，必须先开 IG1，然后开启供气阀 V6 与 V7，并且相隔时间必须大于 3s，才能点火成功。如果顺序颠倒，可能发生炉膛爆炸。

⑬ 确认一号副燃烧器点燃后，打开一号主燃烧器的前阀 V4 和后阀 V5，观察一号主燃烧器是否有火焰出现。点燃后由于 V4、V5 的开启，观察燃料气的用量加大。

⑭ 由于加热炉是冷态开车，物料、管道、炉膛的升温应当均匀缓慢，因此应先点燃一组燃烧器预热。此段时间内通过手动适当加大 TRC-01 控制阀（调节阀）的开度，关小挡板，等炉出口温度 TRC-01 上升到 280℃左右，再进行下面的操作。

⑮ 仿照⑩⑪⑫步操作，通过开点火器 IG2 打开 V11、V12，然后开 V9、V10，将二号副燃烧器和二号主燃烧器点燃。

⑯ 通过手动调整 TRC-01 及挡板 DO-01 开度，直到使煤油出口温度（TRC-01）达到（300±1.5）℃，投自动。

⑰ 提升负荷。手动调整 FRC-01，使煤油流量逐步增加到 30t/h。煤油出口温度（TRC-01）达到（300±1.5）℃，烟气氧含量在 1%～3%，炉膛压力为负，并且维持以上工况，则可以认为加热炉的开车达到正常状态。

⑱ 将 FRC-01 控制器投自动。

2. 加热炉正常停车操作步骤

① 关闭一号主燃烧器前阀 V4 与后阀 V5，减少热负荷。

② 关闭二号主燃烧器前阀 V9 与后阀 V10，进一步减少热负荷。

③ 将 TRC-01 切换到手动，并将输出关到零位。

④ 检查加热炉的燃烧条件，确认一、二号主燃烧器是否熄火，燃料气供气流量 FI-01 是否大幅度下降。

⑤ 关闭一号副燃烧器的前阀 V6 和后阀 V7。

⑥ 关闭二号副燃烧器的前阀 V11 和后阀 V12。

⑦ 确认一、二号副燃烧器熄火，且燃料气供气量 FI-01 是否降低，接近于零。

⑧ 关闭燃料气紧急切断阀 HV-02，并确认 HV-02 关闭。

⑨ 打开 V1、V2、V3，将燃料气供气管线的残留气体放至火炬系统，5min 后关 V1、V2、V3。

⑩ 全关挡板 DO-01，保持炉膛温度，防止炉内冷却过快而损坏炉衬耐火材料。

⑪ 将 FRC-01 控制器置手动，待 TRC-01 下降至 240℃以下，可逐渐关小手动输出。保持炉管内一定的物料流量，防止炉膛余热使炉管温升过高。

⑫ 确认炉膛温度下降后，将物料切断阀 HV-01 关闭。

⑬ 全开挡板，打开蒸汽吹扫阀 V8，吹扫 5min 后关 V8。

3. 加热炉紧急停车操作步骤

若加热炉出现事故，如炉膛熄火、爆炸、炉出口超温、物料流突然大幅度下降等紧急情况，必须迅速采取紧急停车操作，否则会导致严重事故。具体操作步骤如下。

① 在紧急事故状态出现后，应立即关闭燃料气紧急切断阀 HV-02，即先切断全部燃料气的供应。

② 关闭一、二号主燃烧器供气阀 V4、V5、V9、V10。
③ 关闭一号、二号副燃烧器供气阀 V6、V7、V11、V12。
④ 全开挡板 DO-01。
⑤ 开蒸汽吹扫阀 V8，3min 后关 V8。
⑥ 检查分析事故原因，排除事故。
⑦ 确认事故已排除，可参照加热炉开车步骤重新点火开车。

四、事故设置及排除

当加热炉开车至正常工况并记录下成绩以后，即可开始事故排除训练。本仿真软件主要装有 5 种事故。其事故现象、排除方法及合格标准如下。

1. 加热炉进料流量 FRC-01 突然减小（F1）

事故现象 引起加热炉出口温度 TRC-01 逐渐上升。

排除方法 发现问题后，应立即将 TRC-01 控制器打手动，减小燃料气流量，使出口温度恢复到（300±1.5）℃，并稳定在（300±1.5）℃，且含氧量及其他有关指标符合正常工况。

2. 加热炉燃料气流量 FI-01 突然减小（F2）

事故现象 引起加热炉温度 TRC-01 逐渐下降。

排除方法 发现故障原因后，应立即将 TRC-01 控制器打到手动，加大燃料气流量，使出口温度 TRC-01 恢复并稳定在（300±1.5）℃。

3. 进料阻断（F3）

事故现象 FRC-01 流量突然下降到“零”，TRC-01 将迅速升高。

排除方法 必须立刻进行紧急停车的各项操作。

4. 燃料气 FI-01 突然阻断（F4）

事故现象 炉膛突然熄火。

排除方法 必须立刻进行紧急停车的各项操作。

5. 不完全燃烧（F5）

事故现象 烟气含氧量 AI-01 下降。当小于 0.5%时，即会出现不完全燃烧。

排除方法 可以通过调整挡板开度和供气流量 FI-01，使加热炉恢复正常工况。注意：处于不完全燃烧状态时，开大挡板开度不得太快，否则会引发二次爆炸事故。

五、开车评分信息

本软件装有三种开车评分信息画面。

1. 简要评分牌

简要评分牌可随时依照功能单击界面上的“Sc”按钮调出。本评分牌显示当前的开车步骤成绩、开车安全成绩、正常工况质量（设计值）和开车总平均成绩。为了有充分的时间了解成绩评定结果，仿真程序处于冻结状态。按键盘上的“空格”键返回。

2. 开车评分记录

开车评分记录画面记录了开车步骤的分项得分、工况评分的细节、总报警次数及报警扣分信息，如图 7-4 所示。

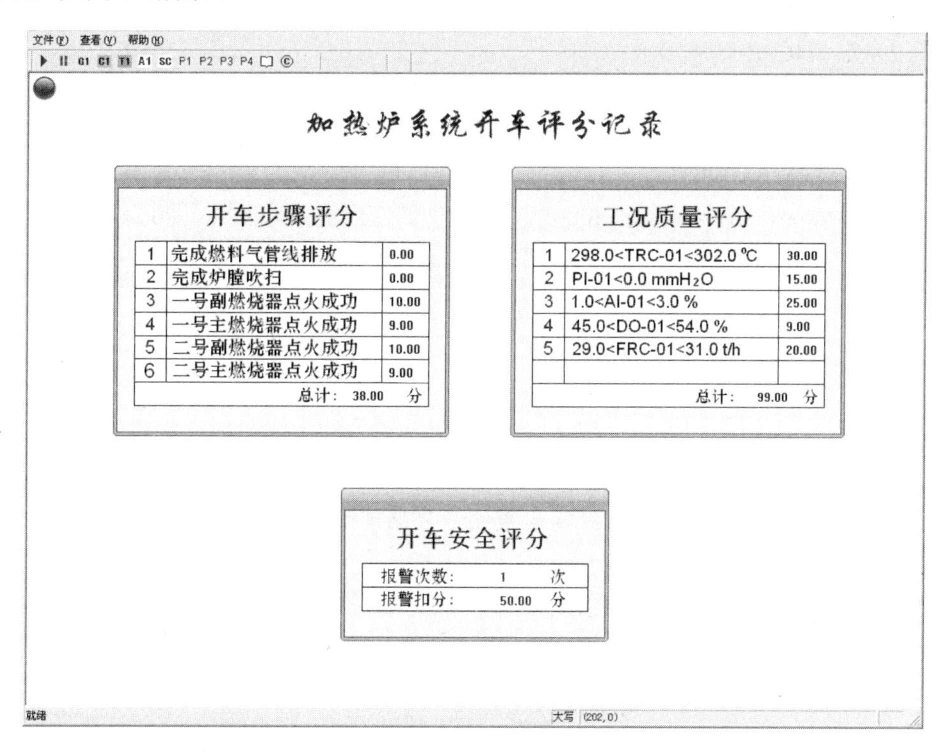

图 7-4 开车评分记录画面

3. 趋势画面

本软件的趋势画面记录了重要变量的历史曲线，可以与开车评分记录画面结合起来对开车全过程进行评价。

六、开车评分标准

1. 开车步骤评分要点

① 完成燃料气管线排放	30 分
② 完成炉膛吹扫	30 分
③ 一号副燃烧器点火成功	10 分
④ 一号主燃烧器点火成功	9 分
⑤ 二号副燃烧器点火成功	10 分
⑥ 二号主燃烧器点火成功	9 分

总计：98 分

2. 正常工况质量评分要点

项目	单位	分值
① 298.0＜TIC-01＜302.0	℃	30 分
② PI-01＜0.0	mmH_2O	15 分
③ 1.0%＜AI-01＜3.0%		25 分
④ 48%＜DO-01＜55%		9 分
⑤ 29＜FRC-01＜31	t/h	20 分

总计：99 分

七、安全关注点

加热炉系统的安全关注点如图 7-5 所示。

① 防止液体进入燃气系统，经常检查气液分离罐是否高液位，及时排液。最好设液位高报。

② 检查燃料气紧急切断阀是否有效。HV-02 是紧急停车第一措施，必须在控制室能够遥控，在现场易于关闭。

③ 开炉前必须对燃气管线进行排放，排除液体和置换掉不可燃气体。

④ 燃烧器点火前必须用蒸气吹扫炉膛（正压鼓风炉可开风机吹扫），并且严格执行炉内气体采样分析，直到合格，否则可能导致点火爆炸事故。

⑤ 所有主燃烧器必须配副燃烧器（即引燃器，又称为长明灯）。该系统必须稳定可靠。

⑥ 点火器（离子点火棒）必须在副燃烧器的供气前阀及后阀打开之前打开。

⑦ 炉管内介质为煤油。当紧急事故时，特别是炉管破裂时，必须紧急切断煤油进料流量。HV-01 必须在控制室能够遥控，在现场易于关闭。

⑧ 炉内的炉管外表面温度超高，通常是炉管内煤油流量过小，或结焦导致流动不畅，干

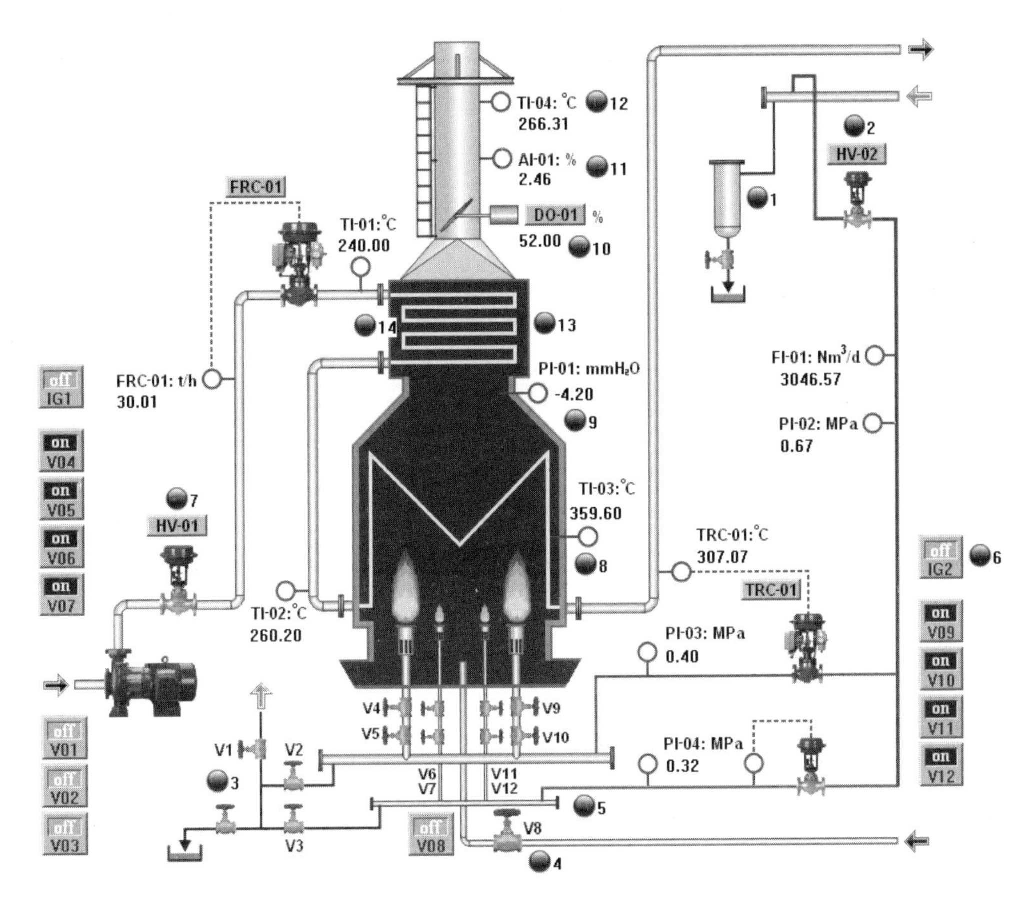

图 7-5　加热炉系统的安全关注点

烧炉管会损坏炉管，一旦炉管破裂会导致重大事故。

⑨ 空气自然循环式加热炉的炉膛在正常运行时为负压，否则是通风不畅导致不完全燃烧。

⑩ 开炉前吹扫炉膛应全开挡板。加热炉运行时靠调整挡板控制风量。停炉时，应关闭挡板保温，保护耐火层。

⑪ 烟气含氧量表征燃烧状态。低于1%为不完全燃烧，高于3%为风量过大，热损失大。不完全燃烧时开大挡板过快，可能引发二次爆炸。

⑫ 烟气温度过高，表征对流段换热效率低。这可能是对流管外积灰所致，还会引发对流段管外壁炭灰燃烧事故。

⑬ 定期测查核算加热炉总效率。若总效率明显降低，必须检修或更换炉管等相关部件。

⑭ 开车过程中需注意对流段过热保护，即必须管内有适当流量。对流段长期不除灰，可能引发对流段管外壁炭灰燃烧事故。

第八章 精馏系统

一、工艺流程简介

脱丁烷塔是大型乙烯装置中的一部分。本塔将来自脱丙烷塔釜的烃类混合物（主要有 C_4、C_5、C_6、C_7 等），根据其相对挥发度的不同，在精馏塔内分离为塔顶 C_4 馏分，含少量 C_5 馏分，塔釜主要为裂解汽油，即 C_5 以上组分的其他馏分。由于所选精馏系统的物料易燃易爆，本系统属于高危险性化工工艺过程。

1. 工艺流程

来自脱丙烷塔的釜液，压力为 0.78MPa，温度为 65℃（由 TI-1 指示），经进料手操阀 V1 和进料流量控制 FIC-1，从脱丁烷塔（DA-405）的第 21 块塔板进入（全塔共有 40 块塔板）。在本塔提馏段第 32 块塔板处装有灵敏板温度检测及塔温控制器 TIC-3（主控制器）与塔釜加热蒸汽流量控制器 FIC-3（副控制器）构成的串级控制。

2. 塔釜液位由 LIC-1 控制

塔釜液一部分经 LIC-1 控制阀作为产品采出，采出流量由 FI-4 指示，一部分经再沸器（EA-405A/B）的管程汽化为蒸汽返回塔底，使轻组分上升。再沸器采用低压蒸汽加热，釜温由 TI-4 指示。设置两台再沸器的目的是釜液可能含烯烃，容易聚合堵管。万一发生此种情况，便于切换。再沸器 A 的加热蒸汽来自 FIC-3 所控制的 0.35MPa 低压蒸汽，通过入口阀 V3 进入壳程，凝液由阀 V4 排放。塔釜设排放手操阀 V24，当塔釜液位超高但不合格不允许采出时排放用（排放液回收）。塔顶和塔底分别装有取压阀 V6 和 V7，引压至差压指示仪 PDI-3，及时反映本塔的阻力降。此外，塔顶设压力控制器 PRC-2，塔底设压力指示仪 PI-4，也能反映塔压降。

塔顶的上升蒸汽出口温度由 TI-2 指示，经塔顶冷凝器（EA-406）全部冷凝成液体，冷凝液靠位差流入立式回流罐（FA-405）。冷凝器以冷却水为冷剂，冷却水流量由 FI-6 指示，受控于 PRC-2 的控制阀，进入 EA-406 的管程，经阀 V23 排出。回流罐液位由 LIC-2 控制。其中一部分液体经阀 V13 进入主回流泵 GA405A，电机开关为 G5A。泵出口阀为 V12。回流泵输出的物料通过流量控制器 FIC-2 的控制进入塔顶。另一部分作为产品经入口阀 V16，用主泵 GA-406A 送下道工序处理。主泵电机开关为 G6A，出口阀为 V17。顶采泵输出的物料由回流罐液位控制器 LIC-2 控制，以维持回流罐的液位。回流罐底设排放手操阀 V25，用于当液位超高但不合格不允许采出时排放用（排放液回收）。

二、流程图说明

1. 流程图画面

考核系统对以上工艺流程进行了适度简化，主要包括以下三方面的内容：

① 取消备用再沸器及相关阀门；

② 取消开车前的碳四充压；

③ 取消所有备用泵及其相关阀门与电机开关。

考核用工艺流程图如图 8-1 所示。

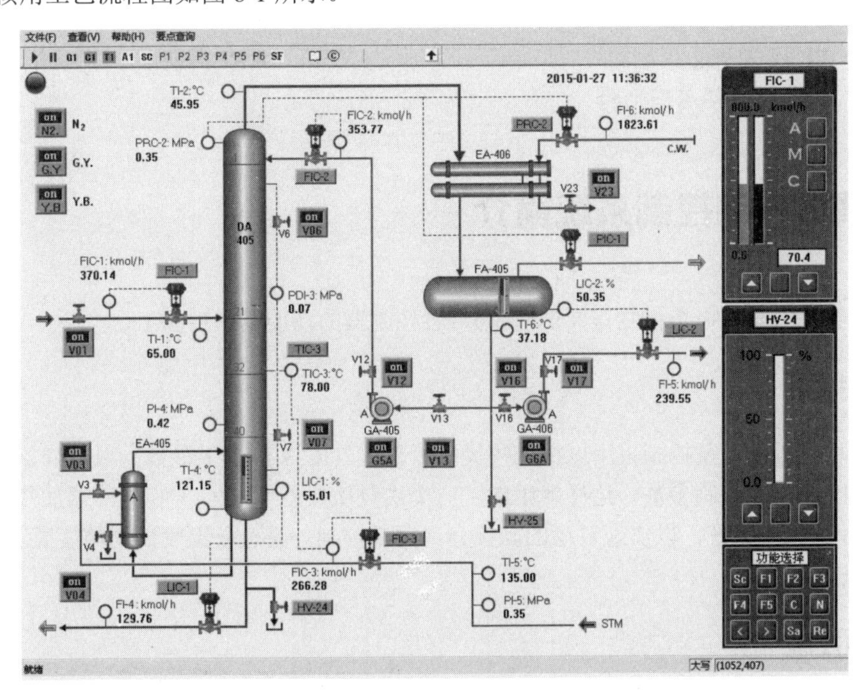

图 8-1 工艺流程图画面

2. 流程图中各设备说明

DA-405 脱丁烷塔

FA-405 回流罐

EA-406 冷凝器

GA-405A 回流泵

EA-405A 再沸器

GA-406A 塔顶产品采出泵

3. 手操器

V24 塔釜泄液阀

V25 回流罐泄液阀

4. 开关及快开阀门

V1 进料前阀

V4 EA-405A 出口阀

V12 GA-405A 出口阀

V16 GA-406A 入口阀

G5A 泵GA-405A 电机开关（流程图画面中未标记）

V23 冷却水出口阀

GY 公用工程具备

V3 EA-405A 入口阀

V6、V7 压差（取压）阀

V13 GA-405A 入口阀

V17 GA-406A 出口阀

G6A 泵GA-406A 电机开关

N2 氮气置换

YB 仪表投用

5. 控制阀

V2 FIC-1 进料控制阀

V11 FIC-3 再沸器蒸气控制阀

V20 PIC-1 放火炬控制阀

V22 PRC-2 冷却水控制阀

V5 LIC-1 塔釜采出控制阀

V10 FIC-2 回流量控制阀

V21 LIC-2 塔顶采出控制阀

三、精馏自动控制系统简介

本精馏系统设有 8 个控制器（调节器），各控制器的功能及作用如下。

1. 质量控制

本精馏过程的质量控制采用以提馏段灵敏板温度 TIC-3 作为主参数，以再沸器加热蒸汽的流量 FIC-3 作为控制参数，这样就组成了一个由灵敏板温度 TIC-3 和再沸器加热蒸汽流量 FIC-3 的串级控制系统，以实现对塔的间接分离质量控制。灵敏板温度控制精度要求比较高，为（78.0±0.2）℃。

2. 压力控制

在正常的压力情况下，由塔顶冷凝器的冷却水量来控制压力（PRC-2)。高于操作压力

0.40MPa（表压）时，改用回流罐气相放空方法控制（PIC-01）。此种控制称为超驰控制（又称为取代控制）。

3. 液位控制（物料平衡控制）

塔釜液位 LIC-1 由控制塔釜的产品采出量来维持恒定。系统设有高、低液位报警。回流罐液位 LIC-2 由控制塔顶产品送出量来维持恒定，装有高、低液位报警。LIC-1 和 LIC-2 构成本塔物料平衡控制。

4. 流量控制

进料量 FIC-1 和回流量 FIC-2 都采用单回路的流量控制。再沸器加热介质流量，由灵敏板温度控制和蒸气流量控制构成串级控制系统。

5. 报警说明

LIC-1 塔釜液位 ＞80% （H）
LIC-1 塔釜液位 ＜30% （L）
LIC-2 回流罐液位 ＞80% （H）
LIC-2 回流罐液位 ＜30% （L）
PIC-1 塔顶压力 ＞0.4 MPa （H）
TIC-3 灵敏板温度 ＜5.0℃ （L）
TIC-3 灵敏板温度 ＞79℃ （H）
PDI-3 塔压差 ＞0.1 MPa （H）

控制组画面如图 8-2 所示。精馏塔现场画面和安装画面如图 8-3 所示。

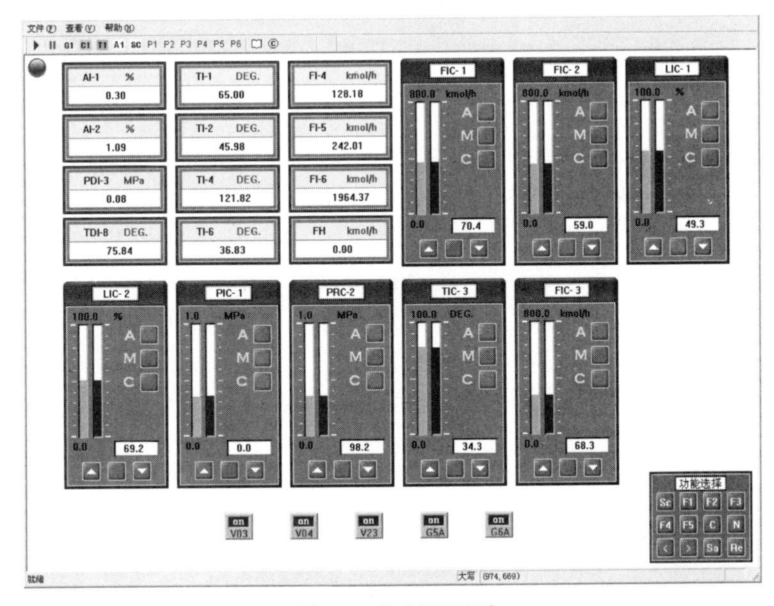

图 8-2 控制组画面

图 8-3　精馏塔现场画面和安装画面

四、指示与控制仪表说明

位号	名称和量程	正常值
TI-1	进料温度（0～100℃）	65　℃
TI-6	回流温度（0～100℃）	38　℃
TI-4	塔釜温度（0～200℃）	121　℃
TI-2	塔顶温度（0～100℃）	46　℃
TI-7	冷却水入口温度（0～100℃）	30　℃
FH	放火炬流量（0～1000kmol/h）	0.0　kmol/h
PI-4	塔釜压力（0～1MPa）	0.42　MPa
FI-4	塔釜采出流量（0～400 kmol/h）	130　kmol/h
FI-5	塔顶采出流量（0～600 kmol/h）	240　kmol/h
FI-6	冷却水流量（0～400 kmol/h）	1850　kmol/h
FIC-1	进料量控制器（0～800 kmol/h）	370　kmol/h
FIC-2	回流量控制器（0～800 kmol/h）	350　kmol/h
LIC-1	塔釜液位控制器（0～100%）	55　%
LIC-2	回流罐液位控制器（0～100%）	55　%
PIC-1	塔压控制器（高压控制）（0～1MPa）	0.40　MPa
PRC-2	塔压控制器（正常控制）（0～1MPa）	0.35　MPa

TIC-3	灵敏板温度控制器（0～100℃）	78	℃
FIC-3	再沸器蒸气流量控制器（0～800 kmol/h）	264	kmol/h
PI-5	蒸气压力（0～1MPa）	0.35	MPa
TI-5	蒸气温度（0～200℃）	135	℃
AI-1	塔顶 C_5 含量（0～1.0%）	＜0.5	%
AI-2	塔釜 C_4 含量（0～10.0%）	＜1.5	%
TDI-8	塔温差	＞5	℃
PDI-3	塔压差	0.07	MPa

五、操作说明

为了提高实操考核的效率，仿真软件的时间常数设计得比真实系统小，因此运行节奏比真实系统快得多。大型工业化精馏塔开车时温度，特别是组分的变化通常较慢，如果按真实系统设计时间常数，仿真训练时间将拉得很长。

本精馏塔的全部操作和控制都可在流程图画面图 8-1 中进行。

精馏系统开车和F3事故排除演示

1. 冷态开车（化工控制与仪表专业不考核）

精馏塔开车前应当完成如下主要准备工作：管线及设备试压；拆除盲板；管线及设备氮气吹扫和氮气置换；检测及控制仪表检验与校零；公用工程投用；系统排放和脱水等。本软件简化为以下①至④步操作。

① 将各阀门关闭。各控制器置手动，且输出为零。注意：为了节省考核时间，本软件预置塔釜液位 LIC-1 为 50%，且投自动；压差阀 V6 和 V7 为开状态，不必关闭。

② 开“N2”开关，表示氮气置换合格。

③ 开“G.Y.”开关，表示公用工程具备。

④ 开“Y.B.”开关，表示仪表投用。

⑤ 开冷凝器 EA-406 的冷却水出口阀 V23。

⑥ 开进料前阀 V1。手动操作 FIC-1 的输出约 30%（进料量应大于 100kmol/h），进料经过一段时间在提馏段各塔板流动和建立持液量的时间滞后，塔釜液位 LIC-1 上升。由于进料压力达 0.78MPa，温度为 65℃，因此进塔后部分闪蒸使塔压上升。

⑦ 开再沸器 EA-405A 的加热蒸汽入口阀 V3 和出口阀 V4。手动开加热蒸汽量 FIC-3 的输出约 50%，使塔釜物料温度上升直到沸腾。塔釜温度低于 108℃的阶段为潜热段，此时塔顶温度上升较慢，回流罐液位也无明显上升。

⑧ 塔釜温度高于 108℃后，塔顶温度及回流罐液位明显上升，这说明塔釜物料开始沸腾。为了防止回流罐抽空，当回流罐液位上升至 10%左右，开 GA-405A 泵的入口阀 V13，启动泵 G5A（GA-405A），然后开泵出口阀 V12。手动 FIC-2 的输出大于 50%，进行全回流。回流量应大于 300 kmol/h。

⑨ 通过手动 PRC-2 输出（即冷却水量），控制塔顶压力在 0.36MPa 左右，投自动。

⑩ 缓慢调整塔釜加热量 FIC-3，提升 TIC-3 直到 78℃。缓慢提升温度的目的是使物料在各塔板上充分进行汽液平衡，将轻组分向塔顶升华，将重组分向塔釜沉降。当 TIC-3 的给定值升至 78℃时，将 FIC-3 投自动。

⑪ 手动操作 FIC-1 的输出。可逐渐提升进料量，由于塔压及塔温都处于自动控制状态，塔釜加热量和塔顶冷却量会随进料增加而自动跟踪提升。最终进料流量达到 370 kmol/h 左右时将 FIC-1 投自动。

⑫ 应随时监视回流罐液位。当 LIC-2 达到 40%左右时，先开 V16 阀，开泵 G6A（GA-406A），再开泵出口阀 V17。手动开启 LIC-2 的输出约 30%，当液位 LIC-2 升至 50%时投自动。

⑬ 手动 FIC-2 的输出，将回流量提升至 310～330kmol/h 左右，投自动。

⑭ 微调各控制器给定值，使精馏塔达到设计工况：

FIC-1	370	kmol/h
FIC-2	310	kmol/h
LIC-1	50	%
LIC-2	50	%
TIC-3	78	℃
PRC-2	0.36	MPa

冷态开车完毕。

2. 正常停车（化工控制与仪表专业不考核）

停车前状态及准备同正常工况。

① 将塔压控制在 0.35MPa，并保持自动。

② 手动 FIC-1，关进料前阀 V1。

③ 将 TIC-3 与 FIC-3 串级解列。手动减小 FIC-3 的输出（约关至 25%），同时加大塔顶和塔釜采出。

④ 当釜液降至 5%时，停塔顶采出。

⑤ 当回流罐液位降至 20%时，停回流，停再沸器加热，停塔顶采出。

⑥ 关 GA-405A 出口阀，停 GA-405A，关入口阀；关 GA-406A 出口阀，停 GA-406，关入口阀。

⑦ 将回流罐液体从底部泄出，将釜液泄出。

⑧ 手动开大 PIC-1 输出泄压，手动关 PRC-2。

⑨ 关再沸器入、出口阀，关冷却水出口阀，关压差阀。

⑩ 待压力泄压至 0.0，停车完毕。

3. 紧急停车（化工控制与仪表专业不考核）

停前状态及准备同正常工况。

① 关 FIC-1，关进料前阀。

② 立即手动开大 FIC-2，使回流量增至 415kmol/h 左右。

③ 立即手动减小 FIC-3，使蒸气流量减至约 222kmol/h。

④ 如果两个液位不超上限，立即关闭塔顶、塔釜采出。

⑤ 用蒸气量（FIC-3）和回流量（FIC-2）维持全回流操作，并维持两个液位不超限。

⑥ 完毕。

4. 精馏系统投用及调整（仅限化工控制与仪表类专用，工艺实操类不考核此项）

进入“精馏控制系统”第三考核科目后，学员应进行精馏系统的投用及调整操作，具体步骤如下。

① 将灵敏板温度控制器 TIC-3 投自动（图 8-1 或图 8-2）。

② 将塔釜加热蒸气流量控器 FIC-3 投自动，置 TIC-3 和 FIC-3 为串级模式。确认温度给定值为（78.0±0.2）℃。

③ 将塔顶冷却水压力控制器 PRC-2 投自动。

④ 将塔顶气相压力控制器 PIC-1 投自动，置 PRC-2 和 PIC-1 为超驰模式（用串级键代替）。确认塔顶压力给定值为（0.35±0.01）MPa。此时 PIC-1 自动返回手动模式，说明投超驰控制成功。

⑤ 将回流罐液位控制器 LIC-2 投自动，确认回流罐液位给定值为（50.0±5）%。

⑥ 将塔釜液位控制器 LIC-1 投自动，微调给定值至（50.0±5）%。

⑦ 将进料流量控制器 FIC-1 投自动，微调给定值至（375.0±2）kmol/h。

⑧ 将回流量控制器 FIC-2 投自动，微调给定值至（335.0±5）kmol/h。

⑨ 将塔压差阀 V6 和 V7 打开（注：化工控制与仪表类两阀预置为关闭），观察塔压差为 0.02MPa＜PDI-3＜0.09MPa。

⑩ 完毕。

化工控制与仪表类不考虑开车、停车和事故排除，只对最终正常工况控制质量评分。评分标准如下。

- 373＜FIC-1＜377　kmol/h　18 分
- 119＜TI-4＜123　℃　6 分
- 77.8＜TIC-3＜78.2　℃　6 分
- 0.02＜PDI-3＜0.09　MPa　6 分
- 330＜FIC-2＜340　kmol/h　6 分
- 0.34＜PRC-2＜0.36　MPa　6 分
- 48%＜LIC-1＜52%，投自动　15 分
- 48%＜LIC-2＜52%，投自动　15 分
- FIC-1 投自动　5 分
- FIC-2 投自动　5 分
- PRC-2/PIC-1 投自动和超驰　5 分
- TIC-3/FIC-3 投自动和串级　5 分

总计：98 分

六、事故设置及排除（化工控制与仪表专业不考核）

1．停冷却水（F1）

事故现象 冷却水流量为0.0kmol/h（FI-6）。塔压升高。塔顶温度上升。

排除方法 放火炬保压。停进料。关加热蒸气量。关塔顶采出和釜液排出。在此基础上进行完全停车操作。

合格标准 尽快关进料，并在一定时间内完成停车操作。

2．停加热蒸汽（F2）

事故现象 水蒸气断，即加热蒸气流量为0.0kmol/h（FIC-3的输入）。塔釜温度降低（TI-4）。灵敏板温度降低（TIC-3）。塔釜产品不合格。塔顶产品不合格。压差、温差减小。

排除方法 关进料。停塔顶采出。压力高时放火炬。釜液排出。在此基础上进行完全停车。

合格标准 尽快关进料，并在一定的时间内完成停车操作。

3．无进料（F3）

事故现象 进料量为0.0 kmol/h（FIC-2的输入）。

排除方法 观察塔顶和塔底采出流量，一旦变小，分别将LIC-1和LIC-2置手动。

合格标准 关闭塔底和塔顶采出，维持全回流，等待进料恢复。

4．停电（停动力电）（F4）

事故现象 由于GA-405A/B和GA-406A/B停转，回流量为0.0（FIC-2），塔顶采出量为0.0（FI-5）。

排除方法 关进料阀。停塔顶采出。排放火炬维持塔压及回流罐液位。在此基础上进行停车操作。

合格标准 尽快停进料、停车。

5．灵敏板温度偏高（F5）

事故现象 灵敏板温度偏高，塔压偏高。

排除方法 调整塔釜加热量，即减小FIC-3给定值。

合格标准 直到全塔工况恢复正常。

七、开车评分信息

本软件装有三种开车评分信息画面。

1. 简要评分牌

简要评分牌可随时依照功能单击界面上的“Sc”按钮调出。本评分牌显示了当前的开车步骤成绩、开车安全成绩、正常工况质量（设计值）和开车总平均成绩。为了有充分的时间了解成绩评定结果，仿真程序处于冻结状态。按键盘上的“空格”键返回。

2. 开车评分记录

开车评分记录画面能随时调出。本画面记录了开车步骤的分项得分、工况评分的细节、总报警次数及报警扣分信息。工艺实操开车评分记录画面如图 8-4 所示。化工控制和仪表实操评分记录画面如图 8-5 所示。

图 8-4　工艺实操开车评分记录画面

3. 趋势画面

本软件的趋势画面记录了重要变量的历史曲线，可以与评分记录画面结合起来对开车全过程进行评价。

图 8-5 化工控制和仪表实操评分记录画面

八、开车评分标准

1. 开车步骤评分要点

① 各阀门及泵开关均关闭，即阀 V1、V3 和 V23，泵 G5A、G6A 和相关阀门都关闭　　9 分

② 氮气置换、公用工程具备且仪表投用，即 N2、GY 和 YB 全开　　10 分

③ 进料，即阀 V1 开，进料量 FIC-1＞100kmol/h　　15 分

④ 塔顶冷却，冷却水流量 FI-6＞800kmol/h　　20 分

⑤ 塔釜加热，加热量 FIC-3＞100kmol/h　　20 分

⑥ 开回流，回流量 FIC-2＞300kmol/h　　25 分

总计：99 分

2. 正常工况质量评分要点

① 350＜FIC-1＜380　　kmol/h　　18 分

② 119＜TI-4＜123 ℃ 6 分
③ 77.0＜TIC-3＜79.0 ℃ 6 分
④ 0.02＜PDI-3＜0.09 MPa 6 分
⑤ 300＜FIC-2＜360 kmol/h 6 分
⑥ 0.30＜PRC-2＜0.42 MPa 6 分
⑦ 45%＜LIC-1＜60%，投自动 15 分
⑧ 45%＜LIC-2＜60%，投自动 15 分
⑨ FIC-1 投自动 5 分
⑩ FIC-2 投自动 5 分
⑪ PRC-2 投自动 5 分
⑫ FIC-3 投自动 5 分

总计：98 分

九、安全关注点

精馏系统的安全关注点如下。

① 塔压差 PDI-3 偏高，表征全塔阻力大。可能发生了塔液泛或局部淹塔事故。

② 回流量过小，当小于最小回流比时，全塔分离度会急剧变差。

③ 塔压低，并且在空塔进料时进料板处会发生闪蒸，导致局部低温，使金属材料劳损。

④ 塔釜液位超高，可能导致提馏段淹塔。若长时间得不到处理，可能引发下游设备重大事故。应随时关注塔釜液位。

⑤ 回流罐满罐，可能引发下游气相管线充液，导致下游设备重大事故。应随时关注回流罐液位报警。

⑥ 灵敏板温度过高或过低（甚至偏离正常工况零点几度），都会影响全塔分离质量，需采用灵敏板温度与加热量串级控制。

⑦ 塔釜重组分含烯烃，可能发生聚合反应，导致再沸器堵塞，影响塔釜加热。需要启动备用再沸器。

⑧ 塔压超高，单靠冷却量无法控制时，启动回流罐顶气相压力控制（超驰控制）。需要考虑减小塔釜加热量，需要考虑塔顶安装安全阀。

⑨ 进料量超大，分离度变差，可能引发塔液泛事故。

⑩ 停全凝器冷却水，首先使分离度变差，不及时处理或停车会导致一系列事故，例如塔顶温度和塔压上升、回流罐抽空、塔顶液相采出为零、淹塔等。

⑪ 停止加热蒸气，首先使分离度变差，不及时处理或停车会导致一系列事故，例如塔顶温度和塔压下降、淹塔、回流罐抽空、塔顶液相采出为零等。

精馏系统安全关注点画面通过菜单栏调出，如图 8-6 所示。

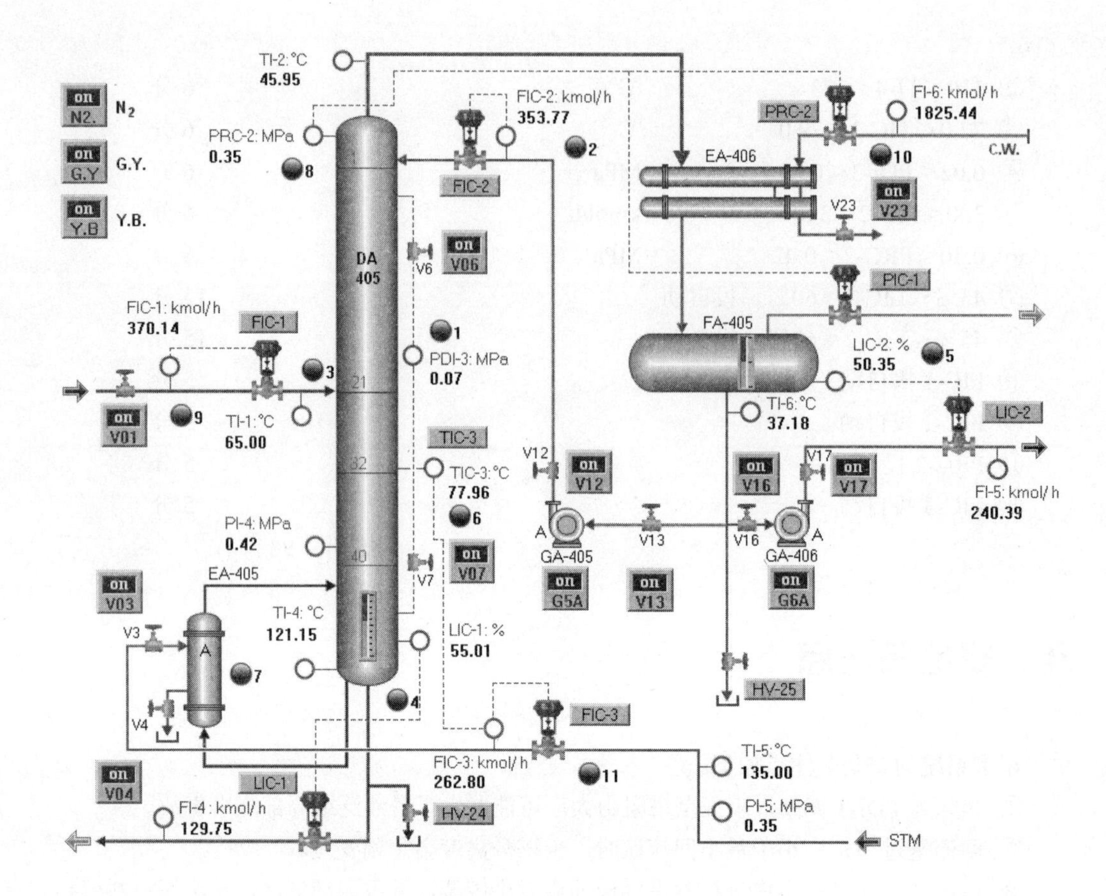

图 8-6　精馏系统的安全关注点

第九章 透平与往复压缩系统

一、工艺流程简介

本压缩系统由蒸汽透平驱动的往复压缩机组成，此外还包括了复水系统和润滑油系统。本系统将两种典型的动设备集成在一起，可以同时训练两种动设备的操作。采用自产蒸汽驱动蒸汽透平取代电动机，是国际流行的节能方法。由于本压缩系统压缩的气体物料为氢气（爆鸣气），泄漏时遇火源极易爆炸，因此属于高危险性化工过程。

流程如图 9-1 所示，本系统为某化工装置的气体循环压缩部分。被压缩气体经入口阀 V16、V15 由化工装置进入吸入管线，阀 V13 为凝液排放阀。吸入气体一路经过阀 V14 进入气缸 C1，另一路进气缸 C2。两路气体经压缩后排出，汇合入同一条排气管线返回化工装置。这条管线上装有安全阀和紧急排放火炬的手动阀 V18。阀门 V17 是排气管线与吸入管线的旁路阀。阀 V19、V20 是排气截止阀，阀 V21 为排气管线的凝液排放阀。

L1、L3、L2、L4 为负荷余隙阀，可以手动调整压缩机输出负荷。F03 是飞轮机构，用于稳定往复压缩机的转动。盘车操作是通过转动飞轮来实现的。G02 是齿轮减速箱。T01 是蒸汽透平。高压蒸汽经主阀 V9、V11 和调速器 RIC 进入透平。蒸汽管线上设阀 V10 作为排水阀。为了提高热机效率，必须通过复水系统使蒸汽透平排出的乏汽温度和压力尽可能低。

1. 复水系统的流程

乏汽通过阀 V12 进入表面冷凝器 E1 降温，同时由两级喷射式真空泵 VP1 和 VP2 维持真空。E1 的冷却水阀门为 V5。乏汽被冷凝，冷凝水及时由泵 P1 排走。第一级真空泵 VP1 后装有第二级冷却器 E2，冷却水阀门为 V6。

2. 喷射式真空泵的简要原理

当高压蒸汽通过文丘里管时，由于文丘里管喉部管径缩小，流速（速度头）加大，静压（压力头）减小，因此产生抽吸作用。喷射式真空泵的高压供汽管线上设蒸汽总截止阀 V1 和端头排凝阀 V2。高压蒸汽通过阀门 V3 和 V4 分别进入两台喷射式真空泵。T1 是润滑油箱，P2 是齿轮油泵。润滑油经 P2 泵通过油冷器 E3 及过滤器 F1，分别输入压缩机系统各轴瓦，最终返回油箱 T1，构成润滑油循环回路。油箱 T1 顶部装有通大气的管线，以防回油不畅。油冷器 E3 的冷却水阀门为 V23。部分润滑油经手操阀 V22 走旁路。

二、流程图及说明

图 9-1 和图 9-2 中操作设备和检测仪表的说明如下。

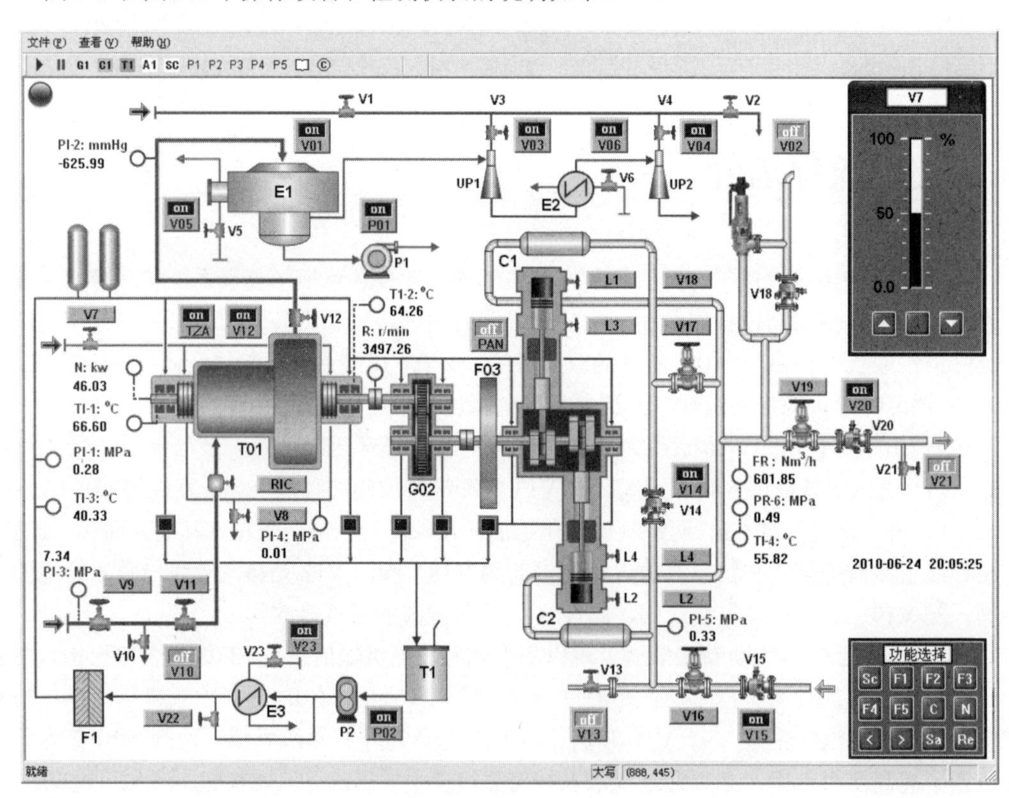

图 9-1　流程图画面

1. 指示仪表

PI-1　润滑油总压力（0～0.5MPa）

PI-2　复水系统真空度（0～760mmHg[1]）

[1] 1mmHg=133Pa。

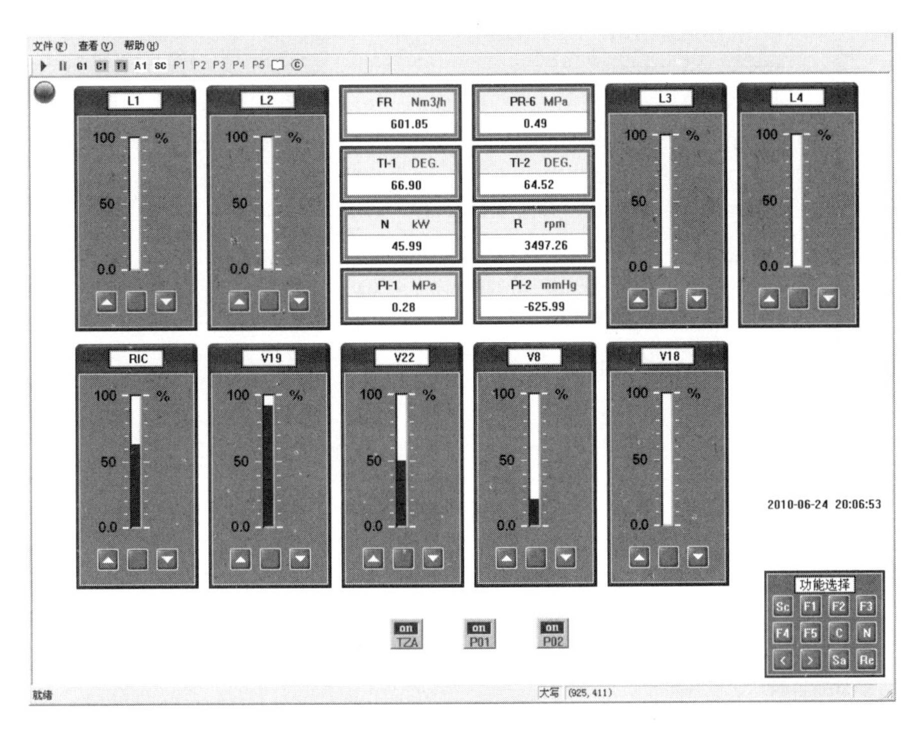

图 9-2 仪表与操作画面

PI-3 透平主蒸汽压力（0～10.0MPa） PI-4 透平密封蒸汽压力（0～0.2MPa）

PI-5 压缩机吸入压力（0～1.0MPa） PR-6 压缩机排出压力（0～1.0MPa）

PI-7 复水系统冷却水压力（0～0.5MPa） TI-1 透平一号轴瓦温度（0～100℃）

TI-2 透平二号轴瓦温度（0～100℃） TI-3 润滑油排出温度（0～100℃）

TI-4 压缩机排气温度（0～100℃） N 透平机功率（0～50kW）

R 透平机转速（0～9999 r/min） FR 压缩机打气量[0～1000m^3（标准状况）/h]

透平机转速的单位 r/min 和 rpm 具有相同含义，即转/分。

2. 手操器

RIC 透平调速器 L1 压缩机负荷调整余隙阀

L2 压缩机负荷调整余隙阀 L3 压缩机负荷调整余隙阀

L4 压缩机负荷调整余隙阀 V7 透平机密封蒸汽阀

V8 透平机密封蒸汽疏水排放阀 V9 透平机主蒸汽阀

V11 透平机蒸汽入口阀 V16 压缩机吸入管总阀

V17 排气、吸入管线旁路阀 V18 排气管线至火炬排放阀

V19 压缩机排气管总阀 V22 润滑油冷却器（E3）旁路阀

3. 开关及快开阀门

V1 喷射泵蒸汽主阀 V2 喷射泵蒸汽管线排放阀

V3 一级喷射泵蒸汽阀 V4 二级喷射泵蒸汽阀

V5	表面冷凝器（E1）冷却水阀	V6	冷凝器（E2）冷却水阀
V10	透平机主蒸汽管线排放阀	V12	透平机乏汽出口阀
V13	压缩机吸入管线排放阀	V14	压缩机吸入分支阀
V15	压缩机吸入总管考克阀	V20	压缩机排气总管考克阀
V21	压缩机排气管线排放阀	V23	润滑油冷却器（E3）冷却水阀
P01	复水循环泵开关	P02	润滑油泵开关
PAN	盘车开关	TZA	跳闸栓开关

4. 报警限（H 为报警上限　L 为报警下限）

PI-1　＜0.20　MPa（L）

PI-2　＞-600　mmHg（H）

PR-6　＞0.80　MPa（H）

TI-1　＞70.0　℃（H）

TI-2　＞70.0　℃（H）

TI-3　＞45.0　℃（H）

R　＞4000　r/min（H）

蒸汽透平结构画面如图 9-3 所示。

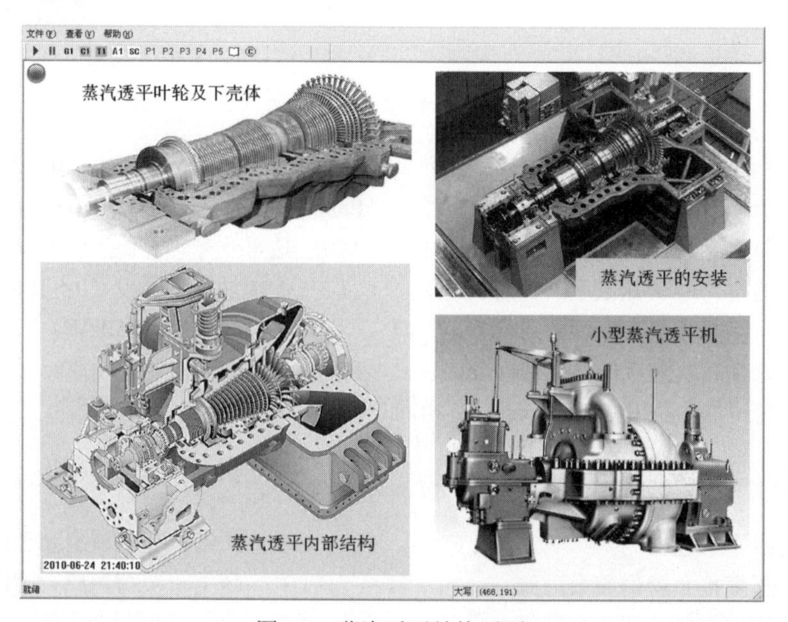

图 9-3　蒸汽透平结构画面

三、操作说明

透平与往复压缩系统开车和F1事故排除演示

1. 冷态开车步骤

（1）开复水系统

① 全开表面冷凝器 E1 的冷却水阀 V5。

② 全开冷凝器 E2 冷却水阀 V6。

③ 全开喷射式真空泵主蒸汽阀 V1。

④ 开蒸汽管路排水阀 V2 至冷凝水排完后（待蓝色色点消失）关闭。

⑤ 全开一级真空泵蒸汽阀 V3。

⑥ 全开二级真空泵蒸汽阀 V4。

⑦ 开表面冷凝器 E1 的循环排水泵开关 P01。

等待系统的真空度 PI-2 达到–600mmHg 以下可进行开车操作。由于系统真空度需要一定的时间才能达到，这段时间可以同时进行其他有关开车前的操作，如排水、排气、开润滑油系统、盘车等。

（2）开润滑油系统及透平密封蒸汽系统

① 开润滑油冷却水阀 V23。

② 将冷却器 E3 的旁路阀 V22 开度至 50%左右。当油温较高时，可适当关小 V22，油温将有所下降。

③ 开齿轮油泵 P02，使油压 PI-1 达到 0.25MPa 以上为正常。

④ 开密封蒸汽阀 V7，开度约 60%。

⑤ 全开密封蒸汽管路排水阀 V8，等冷凝水排放完了（待蓝色点消失），将 V8 关至 5%～10%的开度。

⑥ 调整 V7，使密封蒸汽压力 PI-4 维持在 0.01MPa 左右。

（3）开透平机及往复压缩机系统

① 检查输出负荷余隙阀 L1、L2、L3、L4 是否都处于全开状态（考核系统预置 L1、L2、L3、L4 全开）。

② 开盘车开关 PAN。

③ 全开压缩机吸入阀 V16 和考克 V15。

④ 开凝液排放阀 V13。当管路中残余的液体排放完成后（蓝色色点消失），关闭 V13。

⑤ 全开 V14 支路阀，检查旁路阀 V17 是否关闭。

⑥ 检查放火炬阀 V18 是否关闭。

⑦ 全开压缩机排气管线阀 V19 和考克 V20。

⑧ 开压缩机排气管线排凝液阀 V21，直到排放完了（蓝色色点消失），全关 V21。再次确认压缩机吸入、排出各管线的每一个阀门是否处于正常状态。

⑨ 将跳闸栓挂好，即开跳闸栓 TZA 继电器联锁按钮（当透平机超速时会自动跳闸，切断主蒸汽）。

⑩ 全开主蒸汽阀 V9，全开排水阀 V10，等管线中的冷凝水排完后（蓝色色点消失），关 V10。

⑪ 全开透平机乏汽出口阀 V12。

⑫ 缓慢打开透平机高压蒸汽入口阀 V11，压缩机启动。观察透平机转速升到 1000r/min 以上，关盘车开关 PAN。

⑬ 调整调速系统 RIC，注意调速过程有一定的惯性，使透平机转速逐渐上升到 3500r/min

左右，并稳定在此转速下。

⑭ 逐渐全关负荷余隙阀 L1、L2，使排出流量（打气量）上升至 300m^3（标准状况）/h 以上。

⑮ 逐渐全关负荷余隙阀 L3、L4，微调转速及阀 V19，使排出流量达到 600m^3（标准状况）/h 左右。同时使排气压力达到 0.48MPa 以上。

待以上工况稳定后，开车操作即告完成。此时应该注意油温、油压及透平机轴瓦温度是否有异常现象。

2. 停车步骤

① 全关透平机主蒸汽阀 V9、V11，使转速降至零。

② 全关透平机乏汽出口阀 V12。

③ 全开负荷余隙阀 L1、L2、L3、L4。

④ 将跳闸栓 TZA 解列。

⑤ 关闭吸入阀 V16、V15、V14。

⑥ 关阀 V19、V20。

⑦ 关密封蒸汽阀 V7 和排水阀 V8。

⑧ 关油泵开关 P02。

⑨ 关 E3 冷却水阀 V23。

⑩ 关复水系统真空泵蒸汽阀 V4、V3，然后关 V1。

⑪ 关 E2 冷却水阀 V6。

⑫ 关 E1 冷却水阀 V5。

⑬ 停 E1 循环排水泵开关 P01。

3. 紧急停车

若出现润滑油压下降至 0.2MPa 以下或透平机某个轴瓦超温或超速等紧急故障，应使压缩机紧急停车。具体步骤如下。

① 迅速“打闸”，即将跳闸栓 TZA 迅速解列，切断透平机主蒸汽。

② 关闭压缩机排气和吸入隔离阀 V20、V15。

③ 关闭透平机主蒸汽阀 V9、V11。

④ 关闭透平机乏汽出口阀 V12。

然后进行正常停车的各项操作。

四、事故设置及排除

1. 润滑油温上升（F1）

事故现象 TI-3 的指示上升，超过 45℃。

事故原因 油冷却器冷却水量偏小或 V22 分流过大。

排除方法　关小阀 V22，减少分流。

2. 油压下降（F2）

事故现象　PI1 下降，低于 0.2MPa，经过一段时间润滑油温 TI-3 上升超限。
事故原因　过滤器 F1 堵塞或油泵故障。
排除方法　紧急打闸停车（跳闸栓解列）。

3. 一号轴瓦超温（F3）

事故现象　TI-1 大于 70℃。
事故原因　一号轴瓦供油管路堵或油压下降。
排除方法　紧急打闸停车。

4. 压缩机排气外部管线泄漏（F4）

事故现象　压缩机排气压力有所下降。
事故原因　压缩机排气管线至加氢装置段管路破裂。
排除方法　紧急打闸停车，关断压缩机排气和吸入隔离阀 V20、V15。

5. 超速（F5）

事故现象　透平机转速超过 4000r/min。透平机轴瓦温度上升，功率上升，打气量上升，输出压力上升。
事故原因　主蒸汽流量上升。
排除方法　本压缩机跳闸转速设定在 4500r/min。注意：在跳闸前应及时发现转速上升的趋势，适当手调 RIC，可使转速回复到 3500r/min。

五、开车评分信息

本软件装有三种开车评分信息画面。

1. 简要评分牌

简要评分牌可随时依照功能单击界面上的“Sc”按钮调出。本评分牌显示了当前的开车步骤成绩、开车安全成绩、正常工况质量（设计值）和开车总平均成绩。为了有充分的时间了解成绩评定结果，仿真程序处于冻结状态。按键盘上的“空格”键返回。

2. 开车评分记录

开车评分记录画面能随时调出。本画面记录了开车步骤的分项得分、工况评分的细节、总报警次数及报警扣分信息，如图 9-4 所示。

图 9-4 开车评分记录画面

3. 趋势画面

本软件的趋势画面记录了重要变量的历史曲线，可以与评分记录画面结合起来对开车全过程进行评价。

六、开车评分标准

1. 开车步骤评分要点

在跳闸栓 TZA 解脱的前提下：

① 完成主蒸汽管线冷凝水排放（V10） 5 分

② 完成真空蒸汽管线冷凝水排放（V2） 5 分

③ 完成吸气管线排放（V13） 5 分

④ 完成排气管线排放（V21） 5 分

⑤ 开 E1 冷却水（开 V5） 5 分
⑥ 开 E2 冷却水（开 V6） 5 分
⑦ 开 E3 冷却水（开 V23） 5 分
⑧ 开 E1 的冷凝水排水泵（开 P01） 5 分
⑨ 开润滑油泵（开 P02） 12 分
⑩ 盘车（开 PAN） 10 分
⑪ 开迷宫式气封蒸汽（开 V7 和 V8） 5 分
⑫ 开负荷余隙阀 L1、L2、L3 和 L4 12 分
⑬ 复水系统真空度＜−600mmHg 10 分

在跳闸栓 TZA 搭扣的前提下：

⑭ 负荷余隙阀 L1、L2、L3 和 L4 关闭 5 分
⑮ 不得盘车（关 PAN） 5 分

总计：99 分

2. 正常工况质量评分要点

① PI-2＜−610	mmHg	10 分
② V5 阀开		6 分
③ P01 开		5 分
④ L1、L2、L3 和 L4 关		10 分
⑤ 590＜FR＜610	m^3（标准状况）/h	20 分
⑥ 0.45＜PR-6＜0.50	MPa	20 分
⑦ 3400＜R＜3600	r/min	10 分
⑧ TI-1＜69	℃	6 分
⑨ TI-2＜69	℃	6 分
⑩ 0.008＜PI-4＜0.03	MPa	5 分

总计：98 分

七、安全关注点

透平与往复压缩系统的安全关注点（图 9-5）如下。

① 严格消除压缩机周围的所有引火源，包括静电打火、非防爆电气设备等，防止氢气泄漏爆炸。

② 一旦装置或管路系统发生大量氢气泄漏，必须紧急切断压缩机吸入阀和排气阀，隔离氢气源。

③ 透平机超速会使轴瓦温度升高，导致“抱轴”事故，更严重会导致“飞车”事故。必须始终确保跳闸栓 TZA 能够超速自动停车。

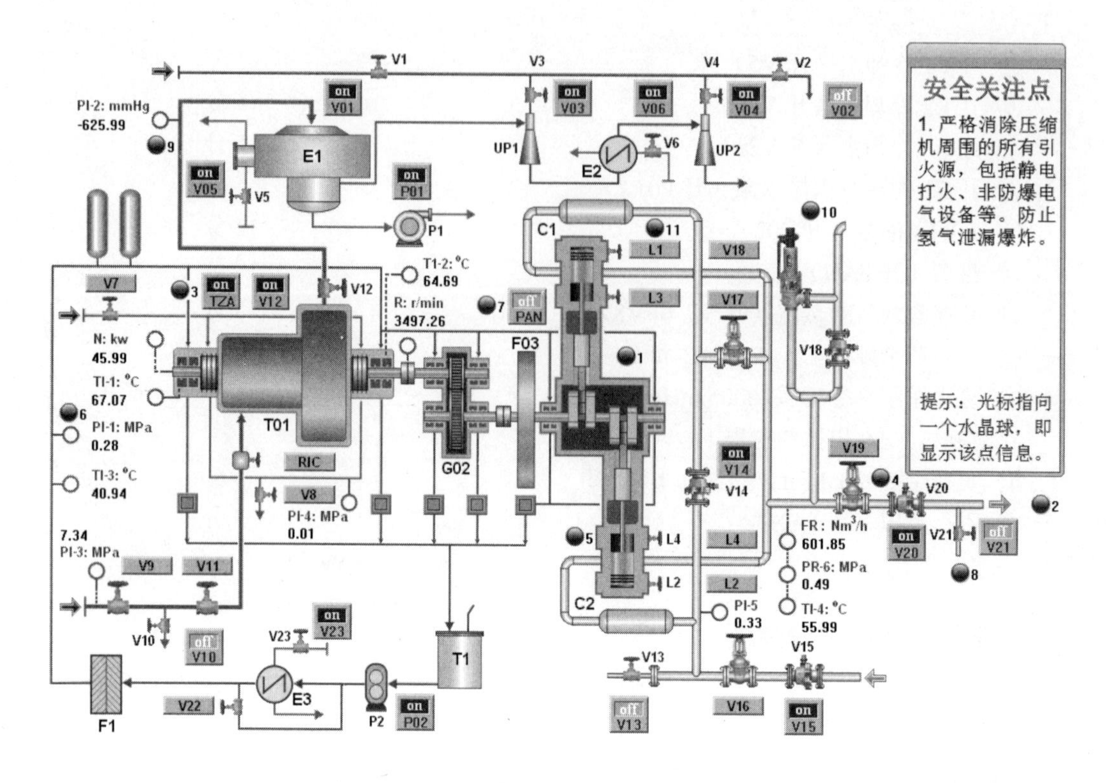

图 9-5 透平与往复压缩系统的安全关注点

④ 当多台压缩机并联备用时，停用的压缩机必须通过隔离阀防止倒流，否则可能殃及相关设置。

⑤ 为了预防压缩机密封处的少量泄漏，压缩机应当露天安装，确保自然通风。

⑥ 润滑油压过低，会影响润滑作用，可能是过滤器或润滑油管线系统部分堵塞所致，应及时维护。

⑦ 机械传动故障会导致压缩机事故。开车时必须进行盘车试验和试车。

⑧ 开车前必须进行压缩机吸入管线和排气管线排凝，否则会发生管路液击事故。

⑨ 蒸汽透平开车前必须先开复水系统，当系统真空度合格后才能启动透平机。

⑩ 必须保障压缩机超压保护系统（安全阀和泄压系统）始终正常有效。

⑪ 往复压缩机必须通过开启全部负荷余隙阀实现低负荷启动。启动正常后逐步关闭负荷余隙阀，提高输出功率。

第十章

操作规程HAZOP分析

制定安全操作规程，应当从减少人员出错频率和出错后果入手。面向操作规程的 HAZOP 分析（危险与可操作性分析），能有效提高规程的质量。其方法与常规 HAZOP 分析相同，只是引导词含义有所区别，常用双引导词和 8 引导词两类方法。

一、制定安全操作规程，减少人为因素的风险

为了减少人为因素的风险，建立有效的操作规程是必不可少的，它既是一个重要环节，也是过程安全管理的要素之一。有效的操作规程，有助于减少或避免人为因素相关的过程安全事故，同时也有助于生产管理、提高产品质量和环境保护。

依据 HAZOP 分析与 LOPA 方法的原理，为了减少潜在事故的风险，制定安全操作规程主要是从减少事故原因发生频率和后果严重度两个方面着手。通过提高操作规程质量，强化操作规程的有效执行，减小操作失误的风险，主要也是从这两个方面着手。

① 制定一个准确的、完整的和能够促进工人执行的操作规程，以减少操作人员出错的频率。

② 一旦制定了高质量的操作规程，需要分析和审查如果规程的关键步骤没有遵守会发生什么？确定在工作场所和工艺过程中是否有有效的安全措施来补偿这些错误，其目的在于减少或避免由于操作人员错误而导致的不利后果。其中一种有效的方法就是针对操作规程实施 HAZOP 分析。

1. 减少操作人员出错的频率

（1）制定安全操作规程的方法

减少操作人员出错的频率，需要制定准确、完整和安全的操作规程并切实加以执行。炼

油、化工与造纸行业的经验证明，按照以下方法制定操作规程是安全的，且工人愿意使用：

① 建立一个正规的、统一的操作规程格式；

② 收集和分析执行操作任务的准确和完整的相关信息；

③ 内容详细程度适当，系统性连贯性好；

④ 采用简单易懂的文字；

⑤ 进行操作规程的确认和修正；

⑥ 使操作人员易于接受该规程；

⑦ 对操作规程进行管理和控制。

（2）常用操作规程的格式

常用的操作规程格式有 8 种，分别是记叙格式、分段格式、概要格式、剧本格式、双列表格式、多列表格式、流图格式和检查表格式。表 10-1 列出了前 5 种格式的特点和同一例子不同格式的表达方法。其中记叙格式和分段格式是有效操作规程最低水平的要求格式。这两种操作规程常常会导致遗漏错误，这种遗漏一方面可能是规程编制者遗漏了一个操作说明或预防措施，另一方面可能是操作人员跳过了隐含在段落中的步骤。实践证明，概要格式、剧本格式、双列表格式和多列表格式在表达操作顺序性步骤时更加有效，而采用流图格式、检查表格式和图形格式有效性更高。

表 10-1 常用操作规程格式的特点和举例

格式名称	特 点	举 例
记叙格式	• 用长句子给出如何执行一个任务的详细说明 • 各段落可以不排序号 • 用第三人称编写 • 重要的信息隐含在文字记述中 • 读者必须决定哪些信息是重要的 • 通常不明确表达准确操作步骤的顺序	在向反应器加入液态稀释剂之前，控制室操作人员和现场操作人员联系确认已做好开车准备，并且得到值班主任和主操作人员的同意，可以进行后续操作。现场操作人员关闭气态稀释剂阀门，并且确认之前已经加入催化剂，控制室操作人员开始向反应器加入液态稀释剂，选定 2 号管线流量计，进料流量大约为 300kg/min
分段格式	• 采用较短的标以序号的分段文体 • 常把多项操作指令混合在一起 • 比记叙文格式好一些，但应用起来仍然较困难	在催化剂进料后，通过 2 号管线流量计，以大约 300kg/min 的流量向反应器加入液态稀释剂。确认在加入液态稀释剂之前关闭气态稀释剂阀
概要格式	• 用词组、句子和短段落文体 • 使用缩进编排和多层序号 • 将信息按逻辑分组 • 采用可视化提示 （这是在记叙格式和分段格式中所没有的）	1. 确认催化剂已经加入 2. 关闭气态稀释剂阀 ① 在 DCS 上置输出为“0” ② 在现场关阀 3. 加液态稀释剂 ① 在现场开阀 ② 在 DCS 上置手动模式 ③ 选 2 号管线流量计 ④ 调整流量为 300kg/min

续表

<table>
<tr><th>格式名称</th><th>特　　点</th><th colspan="2">举　　例</th></tr>
<tr><td>剧本格式</td><td>● 操作步骤的组织方式依照岗位职能进行编排
● 或按子任务的逻辑关系组织
● 类似概要格式提供可视化提示
● 可以表达并行的或多操作者的任务</td><td colspan="2">现场操作人员：
1．确认催化剂已加入
2．关闭气态稀释剂阀
控制室操作人员：
3．置液态稀释剂阀为手动模式
4．选定 2 号管线流量计，调整给定值为 300kg/min</td></tr>
<tr><td rowspan="2">双列表格式</td><td rowspan="2">● 将基本的操作行动放在左列
● 将详细内容和注解等放在右列
● 将操作行动详细分解为便于理解的独立部分
● 可以结合概要格式，便于可视化提示
● 左列适合于熟练操作人员使用，右列为初学者提供附加的信息</td><td>步骤</td><td>注意和警告</td></tr>
<tr><td>1.确认催化剂已加入
2.确认气态稀释剂阀关闭
3.置液态稀释剂阀为手动
4.调整给定值为 300</td><td>DCS 输出置“0”
在现场关闭

流量计置 2 号管线</td></tr>
</table>

如果操作人员已经习惯了一种规程格式，他们可能很难改用本质上更优良的格式。这种改变最好是向用户深入解释对于特殊操作任务不同格式选择的道理，由用户自愿按实际需求选择最好的一种格式，以便工厂能够从一种特定的格式中获得最大的效益。

更为重要的是，在采用 HAZOP 分析方法分析和审查操作规程时，需要将操作规程分解为独立的步骤，也就是说，每一个步骤（指令）只有一个执行者——完成一个行动——并且只作用于一个目标。例如，由一名现场操作员打开反应器 R-01 的手动进料阀 HV-01，显然，8 种规程格式中后面的几种格式均可以满足这一要求。

（3）可视化提示

在操作规程中，可以通过下划线、字号加大、图例符号或字体加深的方法，给出可视化的提示或警告。还可以通过设定相关信息栏目实现可视化提示。举例如下。

① 参考资料。给出使用者特别有用的信息和文档索引。

② 本项任务所包括的设备说明。

③ 预防措施和必要的事情（执行前需要核实的事情）。

④ 执行该任务中所包含的危险。

⑤ 执行该任务所需要的特殊工具和设备。

⑥ 所需要的个人防护设备。

⑦ 执行该任务所要求的步骤。

⑧ 用相关的序号表示步骤顺序，并且用易于看出的编排格式。例如：

- 子步骤的缩进式编排；
- 段落间空行；
- 提供检索按钮图标等。

（4）关键任务分析

编写有效的操作规程，首先必须确定哪些任务是足够重要的（称之为关键任务）。一条通用规则是：对于任何任务若执行错了，将会影响安全、质量、生产或环境，则称之为关键任务。结构化的基于风险的 HAZOP 分析方法可以帮助确定哪个任务是关键的。通常工厂有经验的团队能定性地审定哪些步骤包含有高风险，企业应当给出可以接受的风险水平指南（说明在何种风险水平之下不需要操作规程）。

一旦选定了关键任务，就要对其逐一进行仔细分析，获取完备的、准确的信息（包括数据），以便编写规程。分析内容如下。

① 说明任务目标　所考虑设备的开始和结束状态是什么？为什么要完成该任务？任务执行完后所要求的结果是什么？

② 所需要的熟练程度、知识和训练　每一个操作人员应当知道什么？

③ 危险　在执行该任务时，先前发生过什么事故？在执行该任务时哪些事情会出错？潜在的错误如何避免或防止？

④ 工具　有何特殊（专用）工具或设备能使该任务安全、容易地完成或节省时间？

⑤ 操作步骤　为了完成该任务的目标，哪些主要的步骤必须执行？规程不能给出假定的步骤，不能给操作人员对任何一个操作步骤遗留下猜想的余地。规程应当具有减少工作出错机会的能力。

（5）操作规程的确认

操作规程的确认有助于实现规程的完备性和准确性。规程的确认通常由团队实施。团队人员必须由规程的最终用户代表组成（例如操作人员、工程师、维修人员、质量控制专家、工业卫生专家等），还应包括非编写规程的在岗人员，以便在接管规程前有提出建议的机会。当他们的建议被采纳时，他们会有主人翁的自豪感，更容易接受该规程。

操作规程的确认内容主要如下：

① 是否包括了任务中的所有关键项目？

② 所有操作步骤的顺序是否正确？

③ 在完成一个任务时是否还有更好的方法？（从安全、质量或生产的观点看）

④ 是否还应更详细一些？

⑤ 是否突出了和足够显著地显示了警告和关注点？警告和关注点在规程中的位置是否准确？

⑥ 是否需要附加的解释，以便规程容易实施？

规程的确认团队也特别适合于执行操作规程的 HAZOP 分析。

（6）操作规程的控制管理和切实执行

① 操作规程的控制管理　为了实施操作规程的控制管理，规程模板应当包括文档控制特性，以便操作人员总能使用最新版本的操作规程。文档控制特性通常包括如下内容：

- 规程号码；
- 版本号码；
- 版本日期；
- 印刷日期；
- 复制号码；
- 页码；

- 规程结束标记；
- 文档控制指示；
- 确认和审查签章。

当企业的操作人员数量多时，文档控制特性显得格外重要。每一个操作规程文档都应当具有唯一的识别码和标识。规程的发放和回收记录须永久保存，以便对规程的使用进行监控。必须执行审查机制，能搜索并废止未被控制的规程版本复印件。

② 操作规程的切实执行　切实执行是指操作规程的多个复制文档在全厂不同岗位的切实应用。这需要一个完善的规程管理系统，包括文档控制和变更管理，以确保在工厂正确的位置使用正确的规程版本。这需要企业管理者持之以恒地维护和改进操作规程。

除了企业管理者的重视外，成功的规程管理系统应当注重操作规程在操作人员中切实执行。切实执行的具体内容如下。

- 频繁地使用。最遗憾的事情莫过于规程没有付诸使用。操作人员应当天天对照规程，检查是否遵守了规程。规程也要与时俱进，不断完善。
- 工人参与编写和主人翁意识。工人参与了规程编写，他们会期望规程更新，以使规程的质量提高。
- 不断地改进。随着工人在岗位上学会的知识增加，他们所学的内容也更新到规程中。应当考虑系统变更是否会引入新的危险。如果有危险，必须列入规程。此外，还需要审定工人的新建议是否符合安全要求。
- 团队意识。团队意识是规程管理系统的一部分。只有团队合作，共同遵守统一的规程，才能实现真正的操作规程可达性。

2. 减轻操作人员出错的后果

减轻操作人员出错后果的主要方法，是知道针对操作人员没有遵守规程所导致不利后果的安全措施。或者说，如何做才能克服实际上不可避免的人为失误。

多种因素影响着操作人员在工作场所的能力，这些因素包括以下几个方面的内容。

- 工况环境因素。噪声、工作时间过长或工具的能力有限。
- 任务和设备特性因素。控制和显示信息量过大，任务频度过大或重复性过多。
- 心理的刺激。单调乏味的工作、分散注意力的心烦意乱或失去工作的威胁等。
- 精神紧张。疲劳过度、极端温度或缺乏训练导致精神紧张。
- 机体因素。个人智力因素、动机、态度或情绪激动等。

由于以上人为因素，有必要针对没有遵守规程而可能发生的不利后果执行安全措施。为了识别现有的安全措施和帮助确定哪些附加的安全措施是必要的，建议采取类似于过程安全评价方法评价操作规程。

许多公司不经常执行规程的危险分析。即使实施分析，也仅仅实施作业安全分析（JSA，Job Safety Analysis）。然而作业安全分析通常不能识别过程安全问题或与人为因素相关的问题，因为作业安全分析不是系统性、结构性的方法。例如，在作业安全分析中，操作人员打开反应器蒸气阀是安全的，但从过程安全分析的角度来讲，打开蒸气阀前必须开反应器的进料阀才安全，以防过热。

作业安全分析和其他常见方法用于评估主要为了解决如下问题：

① 使得规程准确和全面；

② 在工人遵守规程的前提下，使得规程有适度的安全措施，保护人身安全。

为了识别这些人为因素类型的错误（起源于遵守规程而导致的失效问题），建议采用HAZOP分析等工艺危险分析方法对操作规程进行评价。针对操作规程的HAZOP分析，可以帮助识别当人为因素没有遵守操作规程的潜在后果以及选择针对这些错误的安全措施。实践表明，用这些方法评价规程中潜在的错误是有效的。规程安全分析主要是在规程的确认阶段或在工艺危险分析（PHA）阶段实施。

二、操作规程 HAZOP 分析的步骤

1. 确定规程 HAZOP 分析的主要任务

面向规程的 HAZOP 分析的主要任务，是找出如果操作人员执行现有操作规程的操作步骤出现偏离（失误）会发生什么？

操作人员执行操作步骤的偏离主要有两大问题：

① 如果操作步骤出现跳越（也可以称为遗漏），会发生什么？

② 如果操作步骤执行得不正确（虽然没有跳越），会发生什么？

经过大量的实践统计表明，在执行操作规程中，人员失误导致的事故主要就是上述两大问题。分析方法是一步一步地按操作规程分析这两种失误的问题。这种分析和HAZOP 分析的目标和步骤十分相似，即也是一种基于团队“头脑风暴”通过会议讨论分析的方法，也是通过使用引导词组合操作偏离，沿偏离点反向查找初始原因，正向查找不利后果。

2. 操作规程分级和任务分解

① 为了避免规程分析工作量过度，应当采用一种分级的方法。分级方法首先筛选规程，逐一确定哪些部分属于极为危险的关键任务需要详细分析。

② 分析之前必须把待分析的关键任务分解成独立的“行动”（即操作人员执行的操作内容）。如果现有规程中每一步骤只有一个执行者，完成一个行动，并且只作用于一个目标，则最理想。分解结果最好采用概要格式、剧本格式、双列表格式或多列表格式表达。

3. 确定操作偏离引导词

规程 HAZOP 分析是通过假设人为操作对操作规程步骤出现了偏离，从偏离点反向查找初始原因，正向查找不利后果。因此，非结构化和非系统化的安全分析方法，例如检查表法，无法适用于操作失误分析。由于执行操作规程与人为因素直接相关，因此组合偏离的引导词与常规 HAZOP 分析的引导词含义不完全相同。疏漏常用的引导词是：无（NO）、缺少（MISSING）和部分（PART OF）；对于规程的执行错误常用的引导词是：超限（MORE）、不

达标（LESS）、伴随事件（AS WELL AS）、代替（REVERSE）和选错（OTHER THAN）。显然，这些引导词大部分是面向间歇过程的，这体现了操作规程危险分析的特点。对于不同的规程分解项目，应当仔细地选择引导词，以便能够分析连续过程的非正常现象和具有间歇特征的现象。两类引导词分类如下：

疏漏问题：
- 无(NO)
- 缺少(MISSING)
- 部分(PART OF)

执行问题：
- 超限(MORE)
- 不达标(LESS)
- 伴随(AS WELL AS)
- 代替(REVERSE)
- 选错(OTHER THAN)

为了明确面向操作规程 HAZOP 分析 8 引导词的含义，表 10-2 给出了进一步的说明。

表 10-2　操作规程 HAZOP 分析 8 引导词的含义

序号	引导词	用于操作规程一个步骤的含义
1	缺失[①]（MISSING）	在规程中重点强调的一个步骤或警示预防措施被疏漏
2	无（否或跳越步骤）（NO、NOT 或 SKIP）	该步骤被完全跳越或说明的意图没有被执行
3	部分（PART OF）	只有规程全部意图的一部分被执行（通常是一个任务包括了两个或更多同时进行的“行动”。例如“打开阀门 A、B 和 C”）
4	执行超限（超量、超时）或过快（MORE 或 MORE OF）	对规程说明的意图做过了头（例如量加得太多、执行时间过长等）或步骤执行得过快[②]
5	执行不达标（量、时间）或太慢（LESS 或 LESS OF）	对规程说明的执行（量、时间）太少（小）或执行得太慢[②]
6	伴随（事件）（AS WELL AS 或 MORE THAN）	除了规程说明的步骤（正在执行的）正确之外，发生了其他事件，或操作人员执行了其他“行动”
7	执行过早或规程打乱（REVERSE 或 OUT OF SEQUENCE）	规程中的该步骤被执行过早，或此时的下一个步骤被执行，代替了要求执行的步骤
8	替换（做错了事）（OTHER THAN）	选错了物料或加错了物料，或选错了设备，或理解错了设备，或操作错了设备等，即操作人员所做的“行动”不是规程本来的意图

① 可选引导词。
② 不适用于简单的“开/关”或“启动/关闭”功能。

在操作危险性较小的场合，常用双引导词分析方法，实践证明这是合理的方法。该方法还是有经验的 HAZOP 分析团队主席在比较评价结果时可用的一种更为合理的方法。

双引导词的含义见表 10-3。人员失误的分类基础是疏漏错误和执行错误。双引导词的“疏漏”（或“步骤跳越”）（OMIT）包含了前面所述的“无”“缺少”“部分”，引导词“不正确”（INCORRECT）包含了前面所述的“超限”“不达标”“伴随”“代替”“选错”。

表 10-3 操作规程 HAZOP 分析双引导词的含义

引导词	用于操作规程一个步骤的含义
疏漏（步骤跳越）（OMIT）	步骤未执行或部分未执行。部分可能的原因是：操作人员忘记了操作该步骤；不了解该步骤的重要性；规程中没有包括该步骤
不正确（步骤执行错误）（INCORRECT）	操作人员的意图是执行该步骤（没有疏漏该步骤），然而该步骤的执行没有达到原意图。部分可能的原因是：操作人员对规程要求的任务（“行动”）做得太多或太少；操作人员调整的操作部件（例如手动阀门或控制器手动输出等）不对；操作人员把该步骤的顺序搞反了

4. 应用引导词对操作规程的每一个步骤进行 HAZOP 分析

将引导词和操作步骤结合将产生一个偏离，HAZOP 分析只考虑那些有实际意义的偏离，然后通过团队集体“头脑风暴”，分析该偏离所涉及的原因和导致的后果，同时找出现有安全措施，必要时提出建议安全措施。这些分析和常规的 HAZOP 分析完全一致。

需要注意的事项如下。

① 对于每一个操作步骤本意的偏离，在应用 8 个引导词识别操作步骤和行动时，团队应当避免关注那些操作人员失误的明显原因，而应当识别和人员失误相关的根本原因。例如“在训练时不适当地强调了该步骤”“一个操作人员同时执行两个任务（行动）的可响应性（可能性）”“阀门或操作设施不适当的标记”“仪表指示混乱或不可读数”等。

② 人员失误相关的根本原因必须结合操作人员的具体情况和现场的设备、管路、阀门、仪表等实际情况，以及控制室的情况和周围环境的实际情况。

③ 引导词“无”（NO）可能引出的原因，例如“没有列入规程的步骤”“在这个步骤上，之前没有正式训练过就发给了上岗许可证”“没有列入规程”“开泵前的高点排气等准备工作没有正式训练过”等。如果没有确切的说明书，这些方面的原因应当至少被团队讨论过。当评价操作失误时，团队还应当讨论由疏漏步骤引发的系统性原因，例如人员疲劳、通信（交流）失误或理解错误的责任等。

5. 完成操作规程 HAZOP 分析报告

面向操作规程的 HAZOP 分析报告和常规 HAZOP 分析报告完全一致，所不同的是报告内容针对的是操作规程和操作人员失误的安全问题。

操作规程 HAZOP 分析是减少规程错误的有效工具。为了从规程分析中获得最大效益，分析团队应当详细地将规程中有关步骤的偏离、偏离的不利后果、偏离原因、现有安全措施和建议安全措施记录下来，并且整理成 HAZOP 分析报告文档。这种文档是完整的工艺危险分析（PHA）报告的一部分，用来获取以下信息：

① 针对所有操作模式的危险；

② 有关人为因素的不利后果和安全措施。

操作规程 HAZOP 分析报告也可以是一个独立的报告。

6. 操作规程 HAZOP 分析的关闭和跟踪

操作规程 HAZOP 分析的关闭和跟踪是逐条将分析结果反馈到正在执行的操作规程中，

补充遗漏项目、注意事项、警告、注释、提示和事故排除指南。审定和修正后的规程应当纳入操作规程的控制管理系统。对于涉及新增安全措施的建议，关闭和跟踪同过程安全 HAZOP 分析要求一致。

三、操作规程 HAZOP 分析的要点

实施操作规程的 HAZOP 分析，主席或团队应先识别规程中每一个独立的行动步骤。然后，团队用 8 引导词或双引导词针对每一个行动得出规程的偏离。沿偏离的正向影响路径识别不利后果，反向识别原因，同时识别现有安全措施。如果有必要，应当考虑建议附加安全措施。分析团队结构化、系统化分析机制和会议进程与过程安全 HAZOP 分析方法相同。

多数编写的操作规程只包含较少的复杂步骤，其余是比较简单的，虽然它们可能存在危险。分析关键的和极度危险的操作规程部分推荐用 8 引导词(表 10-2)，这些引导词在 HAZOP 分析中常用于间歇过程。对于较简单的关键操作规程，用双引导词就能实现有效的分析（表 10-3）。双引导词是按两种主要的人为失误考虑的，即遗漏错误（没有执行一个任务）和执行错误（正确地执行了一个任务）。

主席和团队在选择关键操作规程和确定使用每一个引导词时需要经验。

对于那些非关键的不是极为危险的规程部分，采用结构性不高的安全分析方法可以实现有效的分析，如故障假设方法。

工厂实际应用表明，所分析的大多数关键操作规程是那些非正常工况的任务或活动。根据美国化学工程师协会（AIChE）化工过程安全中心（CCPS）提供的信息，1970 年至 1989 年的 20 年间，化工领域 60%～75%的主要事故不是发生在正常生产的连续运行的操作模式，而是发生在开/停车、提负荷/降负荷、取样操作、更换催化剂、非正常工况和紧急事故排除等非常规操作模式。在非常规操作模式下，操作人员的作用更加显得重要，因此也更加需要面向规程的操作危险评价。非正常工况所包含的任务工人很少实施，因此许多企业没有更新非正常工况操作规程的规定（虽然来自 OSHA 过程安全管理 PSM 规范和 ISO-9000 质量标准的压力情况有所改变）。另外，在非正常工况操作模式下，许多标准设备、安全设施或联锁保护已无能为力或被旁路掉了。由于这两个原因，非正常工况操作规程的分析，通常需要识别有何规程的偏离和现有安全措施不足的情况。

一个有效的操作规程 HAZOP 分析需要一个或更多有经验的操作人员积极参与。当然，还取决于主席运用分析方法的经验。同时也需要团队成员发挥他们的想象力，并且将自己置身于操作人员所处的紧张状态（特别是新的团队成员）。

团队必须揭示明显的人为失误原因，以便识别人为因素所导致的危险。通常在识别根本原因的过程中会发现所需要的安全措施。

审定和修正后的规程应当纳入操作规程的控制管理系统。企业必须长期坚持操作规程的审查、更新、控制和管理。企业只有坚持操作规程的安全管理，才能有效减少或避免人为因素导致的事故风险。

这种规程安全分析除了修正操作规程的漏洞外，也是提高操作人员素质的重要手段，有

助于操作人员对操作规程的每一步做到不但知其然，而且知其所以然，从而保证这种与操作人员相关的安全措施充分发挥其作用。

四、操作规程 HAZOP 分析案例

表 10-4 是某烷基化装置部分紧急停车规程的双引导词 HAZOP 分析报告举例。

表 10-4　部分紧急停车规程的双引导词 HAZOP 分析报告举例

<table>
<tr><td colspan="3">图纸或规程号：SOP-03-002
冷却水失效</td><td>工艺单元：HF 烷基化</td><td>分析方法：双引导词 HAZOP 分析</td><td>文本类型：逐原因分析列表方法（CBC 模式）</td></tr>
<tr><td colspan="2">节点：23</td><td colspan="4">描述：第 2 步，通过切断流量控制阀，切断至两个反应器的烯烃进料</td></tr>
<tr><td>项目</td><td>偏离</td><td>原因</td><td>后果</td><td>现有安全措施</td><td>建议安全措施</td></tr>
<tr><td rowspan="3">23.1</td><td rowspan="3">步骤跳越</td><td>操作人员切断到一个反应器的进料失败。可能是由于现场操作人员与控制室操作人员通信失误，或控制阀黏着关不严，或控制阀漏料</td><td>反应器失控可能导致超压（因为已经没有冷却作用）。可能是由于连续地加入了烯烃。
反应器高液位导致超压，是由于烯烃连续地进料</td><td>1．反应器上的超温和超压报警
2．现场操作人员可能注意到流体流过阀门的声响
3．有流量指示（反应器烯烃进料管线非故意地没有关闭）
4．液位指示、高液位报警，有独立的高-高液位开关/报警</td><td></td></tr>
<tr><td>操作人员疏于确认旁路阀是否也关闭，因为这种预防措施没有列入规程，或旁路阀门泄漏</td><td>反应失控可能导致超压（因为冷却系统失效）。可能是因为连续的烯烃进料。
反应器高液位导致超压，是由于烯烃连续地进料</td><td>1．反应器上的超温和超压报警
2．现场操作人员能力训练时需要经常检查旁路阀是否关闭，是否好用（包括控制阀阻塞时）
3．现场操作人员应注意流体流过阀门的声响
4．烯烃进料管线流量指示（可能对小流量不够灵敏）
5．液位指示、高液位报警，有独立的高-高液位开关/报警</td><td></td></tr>
<tr><td>操作人员在 DCS 上手动关闭流量控制阀失败，因为“阻断”指令（对控制阀和该控制阀的三阀组的完整处理）被替代为“关闭”</td><td>再开车时可能阀门处于全开状态，使大量流量在开车时进入反应器，导致开车质量不好，可能导致反应失控和容器开裂</td><td>控制室操作人员的能力训练，应当在指令手动关闭控制阀之前，通知现场操作人员实施控制阀“阻断”操作</td><td>310. 执行规程的最佳实践规则之一，是规程文字应采用统一的标准术语</td></tr>
<tr><td rowspan="2">23.2</td><td rowspan="2">步骤执行不正确</td><td>操作人员在停进料泵之前关闭烯烃流量控制阀，根本原因是规程中没有写明（先关泵，后关控制阀）</td><td>进料泵冒口（突发性憋压）导致泵密封损坏/失效，并且/或导致其他的泄漏，因而可能引发一个区域性的火灾危险</td><td>步骤 3 说明停泵操作的“行动”。
停泵步骤（步骤 3）必须在第 2 步之前完成</td><td>41．将第 3 步操作移至第 2 步之前</td></tr>
<tr><td>现场操作人员将控制阀的上游和下游截止阀都关闭（指三阀组）</td><td>滞留在截止阀和控制阀之间的液体由于热膨胀导致阀门损坏（相关管路、法兰开裂等）</td><td>现场操作人员的熟练性培训的重点应当要求只关闭一个截止阀</td><td></td></tr>
</table>

第十一章 人工智能专家系统AI3使用说明

一、AI3 概述

AI3 是 Artificial Intelligence 3 的简称，即人工智能-3，是一个面向事件的专家系统软件平台，是通用性高、图形化、可由用户自定制的知识图谱建模和推理软件平台，用于直观快速地构建人工智能“专家系统”应用。AI3 采用高效、高速和省容量的推理算法；定性建模基于国际信息标准，并扩展了面向事件的知识模型的描述能力和应用领域；采用正向、反向和双向三类推理引擎技术；具备系统和离散双重推理功能；将第一、二、三代专家系统优势互补，混合应用；将静态和动态知识图谱联合应用，大幅度提高了软件的自然语言处理工业应用的潜力；采用多维信息图形化结构建模方法，将隐含的信息显式化，具备直观、形象、深入浅出、易学易用等特点；提供自然语言的人/机信息交互功能；提供笔记本电脑处理大系统的高性价比能力。该平台已在大型石油化工过程实时故障诊断和监控、安全评估、智能仿真培训和 ITS 方面应用成功。

AI3 采用多维信息图形化（知识图谱化）结构建模和图形化的用户人/机界面。事件描述采用自然语言（中文和英文或混合使用均可）表达，输出解释和预测信息也是自然语言的文字表述。

AI3 提供大型过程工业系统离线和在线分析、故障诊断和监控能力，提供高精度典型化工操作单元动态仿真案例实时联网，便于掌握和应用专家系统。也就是说，AI3 本身就是一种高效智能仿真培训系统。

AI3 是多种人工智能方法和技术集成融合的专家系统软件平台，其整体概念结构如图 11-1 所示。图中的双向箭头表示相互转换，“＋”号表示联合。

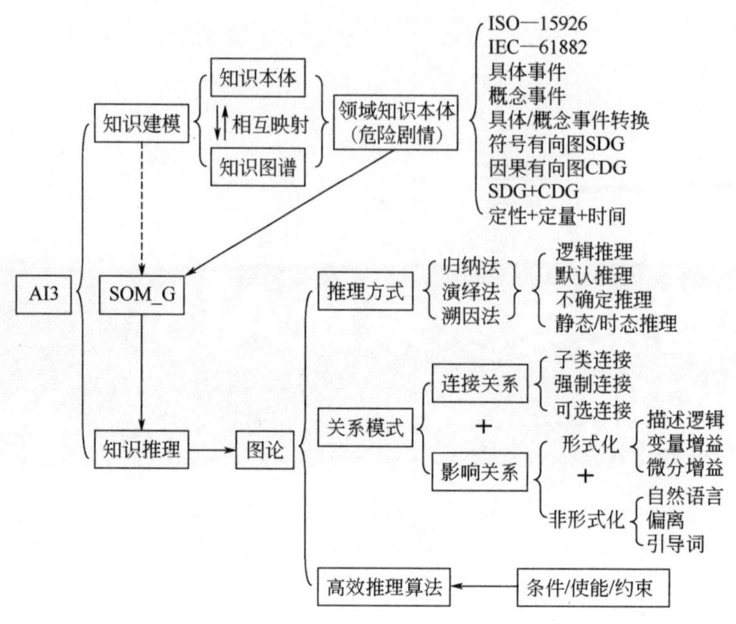

图 11-1　AI3 整体概念结构示意

1. 基于静态知识图谱模型的 AI3 应用

静态知识图谱模型对于"对称型知识"，即具有丰富的数据或知识、完全信息、确定性信息、静态、单领域和单任务，例如代数、几何、物理、化学等科目，具有很高的实际应用成功率。采用 AI3 主要有以下四种应用。

（1）知识融合

通过静态知识图谱，可以对教学资源依据化工生命周期数据标准（ISO 15926）进行语义标注和链接，建立以化工过程知识为中心的教学资源语义集成服务。

（2）语义搜索和推荐

静态知识图谱可以将教师搜索输入的各类专业化事件映射为知识图谱，构建"知识地图"和"思维导图"，准确表达满足学生需求的标准化知识内容。

（3）问答和对话系统

基于知识的问答系统将静态知识图谱表达为一个大规模教学知识库，将回答学生的问题转化为多功能推理，对知识图谱自动查询，以自然语言的形式得到教师和学生关心问题的答案和相关信息。

（4）大数据分析与决策

静态知识图谱通过语义链接，可以帮助理解化工生命周期大数据，获得对化工大数据的洞察，例如危险"剧情"风险计算、失效概率计算等，提供工业过程决策支持。

2. 基于静态+动态知识图谱模型的 AI3 应用

对于复杂的过程运行系统，仅仅用静态知识图谱模型无法描述动态变化的问题。AI3 提供了针对动态知识图谱的自然语言表达、图形化建模和多种自动推理功能，可以用来解决如下应用问题。

（1）复杂过程系统危险与可操作性分析（HAZOP）

对过程系统的危险和人为操作管理失误进行深入的因果分析和不利后果预测，并且提出安全措施和对策。

（2）构建基于自然语言的经验和定性知识混合模型（知识库）

例如，行为树、事件树、决策树、故障树、领结、因果事件链、因果事件网络模型的离散混合模型的图形化构建，直观、简明、易学、易用。

（3）因果反事实推理

可以用自然语言的任意有实际意义的引导词（偏离），对混合模型实施高速、高效、因果反事实自动推理（拉“偏”推理），结合风险矩阵计算和一致性原理“剪枝”，获取自然语言表达的智能分析、智能决策和智能行动（包括智能控制）的指导信息。

3. 基于大数据+静态+动态知识图谱模型的 AI3 应用

（1）复杂过程系统实时在线故障诊断

相当于将智能 HAZOP 分析实时在线化，随时随刻跟踪过程系统的运行，自动识别故障、分析故障，给出推荐的人工智能解决方法。

（2）构建基于自然语言的经验+定性+半定量知识混合模型（知识库）

将过程系统实时可观测地通过以太网传来的具体事件数据与概念事件融合，构建静态+动态知识图谱模型。

（3）结合“偏离阈值”的因果反事实推理

即结合实时大数据的因果反事实模型推理，获取实时故障诊断结果，即自然语言表达的智能分析、智能决策和智能行动（包括智能控制）的指导信息，也是实现可解释的人工智能仿真培训软件（AI-TZZY）的核心技术。

4. AI3 系列软件适用专业举例

AI3 智能仿真系列软件包括专业版和学习版两种，都与仿真培训软件（TZZY）无缝链接，以便密切结合化工实践。专业版用于教师开发专业教学模型和高级技师培训；学习版用于大规模的初级工、中级工、高级工和技师培训。特别需要指出，第四次工业革命亟需的 AI（人工智能）应用型人才占绝大多数，AI 研发高级人才只占少数。AI3 软件的宗旨是为人工智能技术大众化、融入各行各业和深度应用铺路，实现启蒙学习和培养各领域应用型人才。

AI3 智能仿真系列软件主要适用于如下领域和专业。

- 危险化学品特种作业的工程师与操作工人　实施智能 HAZOP 的可操作分析，提高识别事故、分析事故、排除事故能力，进行安全操作技能培训、安全操作指导和实际操作资格考核。
- 企业管理专业　包括过程生命周期智慧管理知识；“数字孪生”智慧工厂知识；工业过程生命周期信息标准；智能 HAZOP 分析和评估技术；AI3 知识图谱建模；实施人工智能应用技术、

专业知识、熟练度和能力训练的结合。

• 企业安全评价工程技术人员　增强过程系统实践知识，学习和实施各种常用安全评价方法，学会智能型安全评价技术，例如HAZOP、故障树、事件树、FMEA、如果-怎么样？和领结技术等。在同一图形化软件平台CAH上实现智能化评价，构建过程工业安全知识库，辅助培训初级、中级和高级HAZOP评价师。

• 过程工业监控、故障诊断和安全管理技术人员　增强过程系统动态运行实践知识，学习和实施各种常用安全评价方法，学习和实施人工智能工业知识库深度实用化建模、模型维护、模型修正和互联网实时在线监控应用。辅助工业4.0相关技术入门培训，例如：智能HAZOP应用；“数字孪生”智慧工厂知识；AI3知识图谱实用建模；模型跟踪知识；非正常工况指导信息系统应用知识；智能报警管理系统应用知识；企业智能安全风险管理应用知识等。

• 化学工程专业　面向石油和天然气加工、高分子材料、应用化学、生物化工、轻化工、精细化工、制药、染料、硅酸盐工业、食品加工等专业，包括学习“过程运行学”基础知识；强化“四传两反”（四传为物料传递、能量传递、动量传递和信息传递的联合作用，两反是间歇反应和连续反应）；动态综合分析能力和实践知识；智慧化工基础知识；定性建模、定性数学和定性推理；AI3知识图谱建模；实施人工智能应用技术、专业知识、熟练度和能力训练的结合。

• 自动化与过程控制专业　包括“数字孪生”智慧工厂基础知识；模型跟踪基础知识；智能控制基础知识；智能报警管理基础知识；控制系统智能HAZOP分析；智能保护层分析（LOPA）；辅助最优传感器分布设计；辅助功能安全仪表应用设计；AI3知识图谱建模、知识推理及智能实时故障诊断验证试验；实施人工智能应用技术、专业知识、熟练度和能力训练的结合。

• 安全工程专业（包括环境科学）　包括工业过程生命周期安全信息标准；智能安全评估（HAZOP）；智能保护层分析（LOPA）；智能故障诊断验证试验；AI3知识图谱建模；实施人工智能应用技术、专业知识、熟练度和能力训练的结合。

• 过程装备与控制工程专业（包括能源与动力专业）　包括智慧工厂基础知识；过程静设备和动设备智能安全分析和智能故障诊断验证试验；AI3知识图谱建模；实施人工智能应用技术、专业知识、熟练度和能力训练的结合。

• 信息、计算机科学和人工智能专业　包括新一代人工智能方法、原理和实用技术；“数字孪生”智慧工厂基础知识；智能管理和监控基础知识；工业过程生命周期信息标准；智能HAZOP分析；智能保护层分析（LOPA）；AI3知识图谱建模和知识推理；实施人工智能应用技术、专业知识、熟练度和能力训练的结合。

AI3软件对于卫星通讯、计算机网络硬件和软件系统安全、作战后勤供应链系统安全等领域实现智能化、人工智能应用技术人员及知识图谱建模等也具有辅助培训和实用意义。

二、AI3基本画面和图形化操作方法

1. AI3主画面

当双击“微型人工智能专家系统软件AI3”的运行图标“AI3”后，电脑桌面即显示本软件的主画面，如图11-2所示。

图 11-2 AI3 主画面

找到上方工具栏（第二行）左面第一个按钮图标“▶”，用鼠标单击该按钮，软件进入工作画面，如图 11-3 所示。工作画面（桌面）很大，定义为 16999×1999 像素（培训学习版有所缩小），以便建立大系统模型。通过垂直和水平滑块定位桌面的区域，同时在状态栏显示当前鼠标的坐标位置，以便浏览和定位大型知识图谱模型。

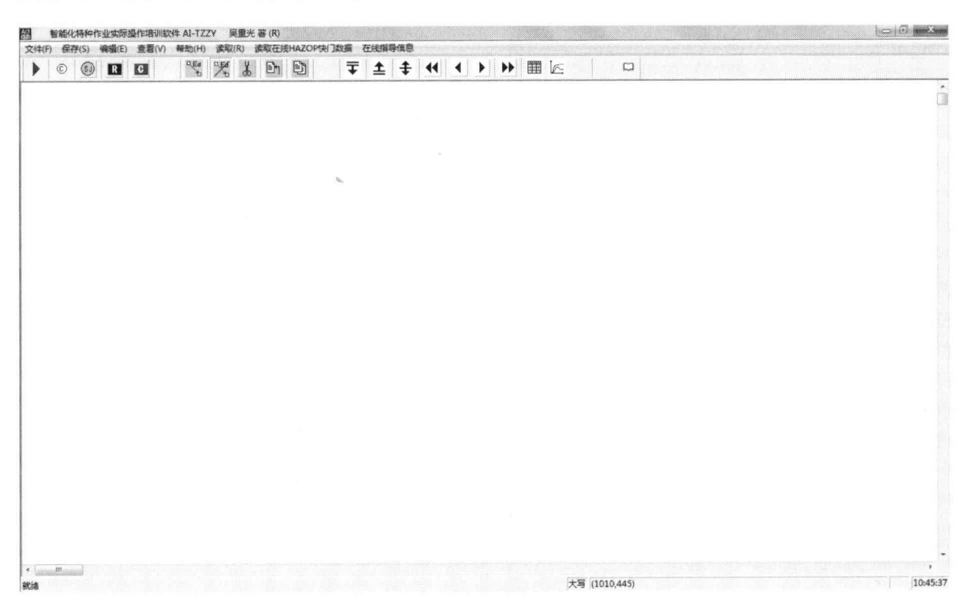

图 11-3 工作画面（桌面）

为了便于记忆和掌握软件基本使用操作方法，可以反复参照图 11-4 鼠标基本操作方法提示。具体使用方法详见下面。

图示	鼠标操作	连线模式	非连线模式
	单击左键	菜单&工具栏 按钮操作	菜单&工具栏 按钮操作
	双击左键	选择/退选 双向推理事件	——
	按压左键 & 拖动	连线	拖动图元
	单击右键	弹出图元对话框	选择删除图元 (单击左键退选)

图 11-4　鼠标基本操作方法提示

2. 软件“工具栏”操作按钮

软件工具栏的操作按钮分三组，即事件生成组、模型编辑组和推理显示组，如图 11-5 所示。当进行一个新项目时，尚未建立 HAZOP 评价模型。此时利用“事件生成组”和“模型编辑组”完成 HAZOP 建模工作项目。对于已经完成建模的项目和已有模型项目，则采用“推理显示组”对模型实施三种推理，显示所有推理得到的显示（非隐式）危险剧情结果或误操作诊断、解释和指导信息。

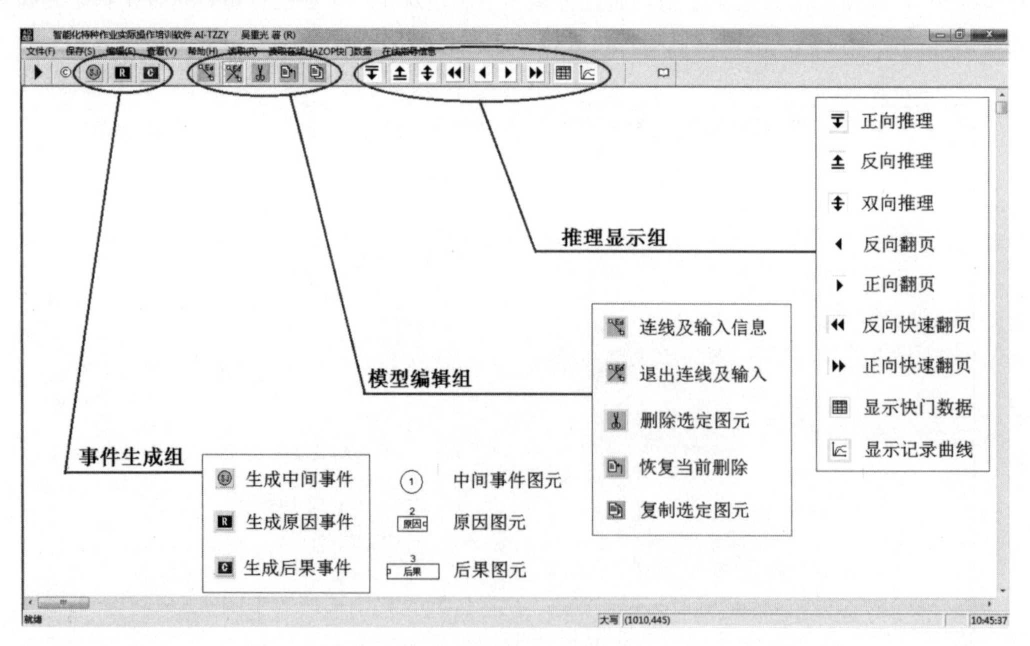

图 11-5　工具栏的三组操作按钮

3. 事件生成组

事件生成组设有三个按钮，即生成中间事件、生成原因事件和生成后果事件，如图 11-6

所示。方法是：在单击了“退出连线及输入各事件信息模式”（见模型编辑组）的前提下，鼠标每单击三个按钮中的任意一个一次，即在靠近该按钮下部的桌面上生成一个对应的事件图元，如图 11-7 所示。事件图元的序号自动生成，且不会重复。当删除某个图元时，该序号也删除，未删除的图元序号不会重排改变，以便保证未删除模型的结构不变，以及满足已删除对象需要恢复的可行性。

生成中间事件
生成原因事件
生成后果事件

图 11-6　事件生成组按钮

所生成的图元可以使用鼠标拖放移动到桌面的任何位置。方法是：控制光标到需要移动的图元区域内时，光标立刻变为“＋”型，此时按住鼠标左键，即可将图元拖拉到既定位置，放开鼠标左键，图元就移动到新位置。

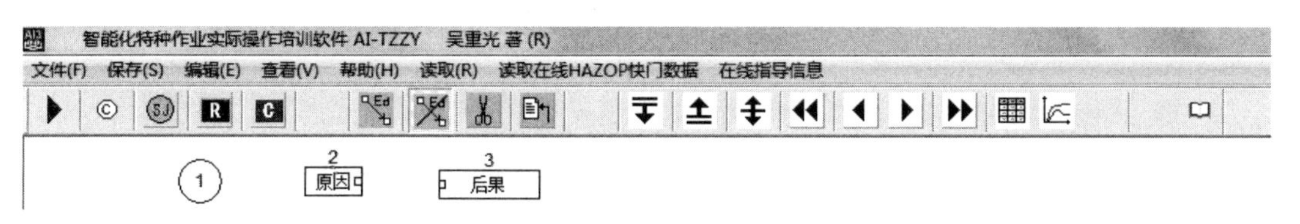

图 11-7　三种生成事件图元

4. 模型编辑组

模型编辑组设有 5 个按钮，即“连线及输入信息”“退出连线及输入各事件信息”“删除选定图元”“恢复当前删除图元”和“复制选定图元”，如图 11-8 所示。“连线及输入信息”按钮和“退出连线及输入各事件信息”按钮是互锁模式，按下其中任一个，另一个将自动弹起，即自动退出先前的模式。

连线及输入信息
退出连线及输入
删除选定图元
恢复当前删除
复制选定图元

图 11-8　模型编辑组

（1）连线及输入信息按钮按下时

可以按照建模团队集体“头脑风暴”的 HAZOP 分析过程与结果，使用鼠标将原因、中间事件和不利后果事件之间的影响关系用连线图元连接起来。并且可以对每一个生成的四种类型图元（包括影响关系连线图元）通过对话框输入属性信息。

（2）连线

是将相邻的有直接因果关系的两个事件用有向连线连接起来。连线方法是：对选中的因果事件对偶，当光标进入三种事件图元时，光标改变为“＋”，按压鼠标左键不松手，拖动鼠标，有一条蓝色虚线跟随，至相关事件点，如图 11-9 所示。放开按压的左键，即完成一条有向连线，如图 11-10 所示。

注意事项

- 原因与后果事件不能直接相连，必须至少有一个中间事件，才能形成完整剧情（软件自动限制）。
- 从任何两个事件以上的中间事件图元分别连线指向同一个后续事件图元时，则前面的事件都独立影响后续事件，前面的各事件与该后续事件之间默认为“或门”（or）逻辑关系。

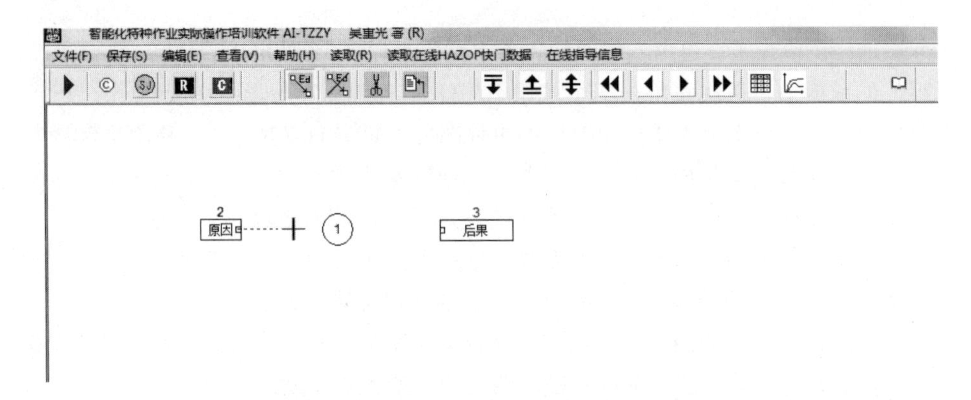

图 11-9 拖动鼠标有一条蓝色虚线跟随

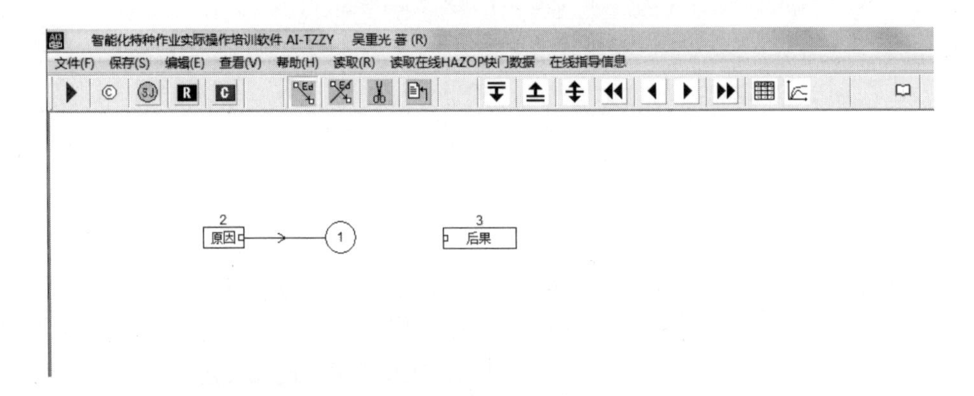

图 11-10 放开按压左键完成一条有向连线

- 任何相邻两事件的直接连线关系默认为“与门”（and）逻辑关系。
- 两事件图元之间不能连接两条及两条以上连线（包括不同方向的连线），必须通过引入新事件表明确切的影响规律才能实施（软件自动限制）。
- 一个事件不允许直接影响自身，除非引入新的事件才能实现（软件自动限制）。
- 原因只允许连出一条影响关系连线，以便表明一个独立的原因（软件自动限制）。
- 后果只允许连入一条影响关系连线，以便表明一个独立的后果（软件自动限制）。
- 同一个后果事件可以重用，注意重用时序号不同。
- 连线方向与相邻两事件的序号无关，软件推理只关注连线的方向。

（3）对话框输入事件信息

当鼠标指向一个原因事件时单击鼠标右键，即显示原因事件信息输入对话框，详见图 11-11 所示。对话框是一个二维表格，用于存储和显示该事件的静态知识本体内容信息。对话框中按照实际应用，精简概括设计了 13 项属性内容，用自然语言简明表达。各项填写要求如下。

① 事件序号　软件自动设定，无需用户输入（凡是背景为灰色的项目都无需用户输入）。

② 事件类型　软件自动设定，无需输入。软件定义四类事件，即原因、后果、中间事件及影响关系事件。

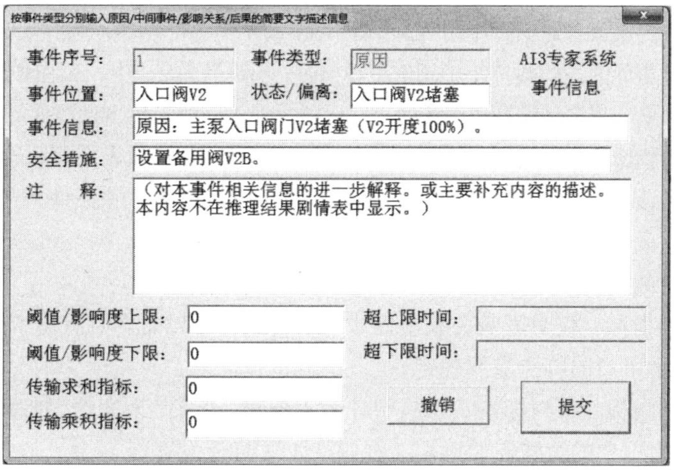

按事件类型分别输入原因/中间事件/影响关系/后果的简要文字描述信息

事件序号：1　事件类型：原因　AI3专家系统 事件信息

事件位置：入口阀V2　状态/偏离：入口阀V2堵塞

事件信息：原因：主泵入口阀门V2堵塞（V2开度100%）。

安全措施：设置备用阀V2B。

注　释：（对本事件相关信息的进一步解释。或主要补充内容的描述。本内容不在推理结果剧情表中显示。）

阈值/影响度上限：0　超上限时间：

阈值/影响度下限：0　超下限时间：

传输求和指标：0

传输乘积指标：0　撤销　提交

图 11-11　原因事件信息输入对话框

③ 事件位置　对于具体事件，应当填写对应仿真培训平台软件各单元的位号；对于概念事件，应当填写事件所处流程中相关设备的具体位置。

④ 事件信息　对所填写事件进行简明描述。原因和后果可在前面注明。

⑤ 安全措施　该事件直接相关的安全措施和安全操作要求的简明描述。

⑥ 状态/偏离　具体事件和概念事件填写内容有所区别，原因、后果、中间事件规定填写“状态”，影响关系规定填写“偏离”。具体要求如下。

- 对应原因和后果事件，用简明自然语言直接表达原因与后果的简要具体内容。规定填写“状态”。建模图元原因和后果的下方显示该“状态”内容。
- 中间事件图元的下方规定显示事件位置（当填入 7 个仿真单元的对应位号时，表达该事件为具体事件，并且自动判定相容状态）。
- 影响关系规定填写“偏离”。最好直接填入该处 HAZOP 分析所采用的“引导词”。例如，对于具体事件对偶，可用：无、增加、上升、减少、下降、早、晚、先、后、逆向、伴随、部分、异常、波动等；相邻两事件对偶中有一个以上是概念事件，可用：导致、产生、引发、招致、发生、带来、通向、许可、主使、煽动、教唆，或条件、使能条件等，即最切合对偶事件的影响关系的自然语言简要表达词语。

⑦ 阈值/影响度上限　仅针对具体事件才考虑阈值，必须在具体事件对话框中填写。并且 AI3 软件仅考虑可观测具体事件（又称为工艺参数）的阈值，而不是影响关系传输的阈值（影响度传输阈值在对应的影响关系事件对话框中填写。由于 AI3 暂不考虑此功能，因此填写无效）。填入上限值的含义是该具体事件的当前数值大于阈值上限值时，判定为偏离。上、下限阈值的填写需要技巧，依据用户的逻辑本意，有多种排列组合相对应，以便实现不同的具体事件对偶间影响关系表达的偏离引导词所导致的相容状态。只填入上限阈值，下限阈值填写得比仪表下限值还小，是一种只设上限阈值的技巧。当该事件是具体事件构成的原因或后果时常用这种约束条件。

⑧ 阈值/影响度下限　仅针对具体事件才考虑阈值，必须在具体事件对话框中填写。并且 AI3 软件仅考虑可观测具体事件（又称为工艺参数）的阈值，而不是影响关系传输的阈值（影响度传输

阈值在对应的影响关系事件对话框中填写。由于 AI3 暂不考虑此功能，因此填写无效）。填入下限值的含义是该具体事件的当前数值小于阈值下限值时，判定为偏离。上、下限阈值的填写需要技巧，依据用户的逻辑本意，有多种排列组合相对应，以便实现不同的具体事件对偶间影响关系表达的偏离引导词所导致的相容状态。只填入下限阈值，上限阈值填写得比仪表上限值还大，是一种只设下限阈值的技巧。当该事件是具体事件构成的原因或后果时常用这种约束条件。

⑨ 超上限时间 备用项，软件自动获取，无需用户输入。

⑩ 超下限时间 备用项，软件自动获取，无需用户输入。

⑪ 传输求和指标 仅对影响关系事件才考虑传输。可以是影响权重或影响历经时间等，依据实际情况，由用户的特殊需要确定。

⑫ 传输乘积指标 仅对影响关系事件才考虑传输。可以是概率值、频率值或严重度值等，依据实际情况，由用户的特殊需要确定（例如，计算剧情风险）。注意：软件规定，当本指标为负值或填入“-1”时，是用来定义相邻两具体事件之间为反作用规律，有向连线自动转换为虚线表达。推理时自动按反作用规律判定。正作用为正值，自动（默认）表达为实线（此种设定在 AI3 软件中已经过处理，不影响传输乘积）。

⑬ 注释 对本事件相关信息的进一步解释，或需要补充的重要内容的描述。本注释内容供信息查询用，即打开相关对话框即可看到。利用图形化结构及推理引擎可以实现自动查询。本内容不在推理结果剧情表中显示。

由于 AI3 软件图形化功能对因果事件链（网）的表达能力很强，当表达相关的其他信息网络或事件链时，可以灵活运用各事件类型和对话框给出的属性项目，表达使用者各种模型的设计意图。例如：运用中间事件和影响关系，可以图形化精确表达比较复杂的开/停车、异常工况故障处理、事故处理规程（复杂操作程序为定性事件树结构。简单的规程直接在“安全措施/操作要求”项填写即可），此时连线的方向是从剧情相关事件箭头向外的连线关系。如果不连规程的第一步骤事件，相当于旁注。连入剧情，还可以在规程事件链中设置“原因”和/或“后果”，参与自动推理，如图 11-12～图 11-14 所示。当旁注或连入的事件链方向是指

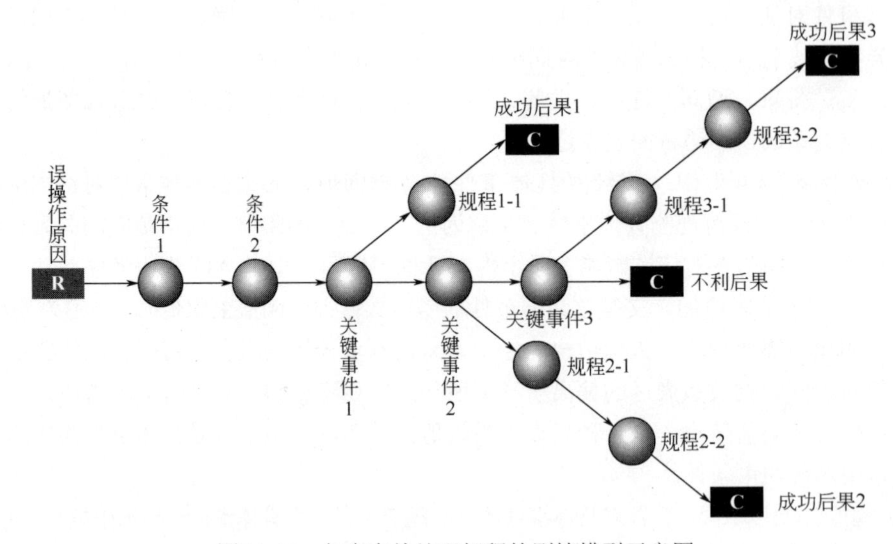

图 11-12 包含事故处理规程的剧情模型示意图

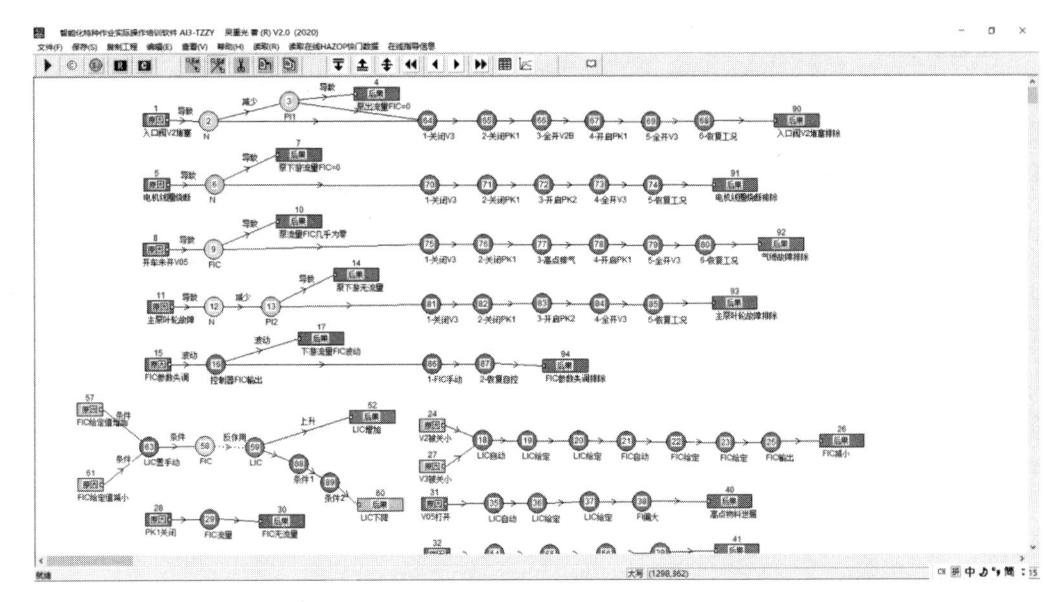

图 11-13　包含事故处理规程的剧情建模截图

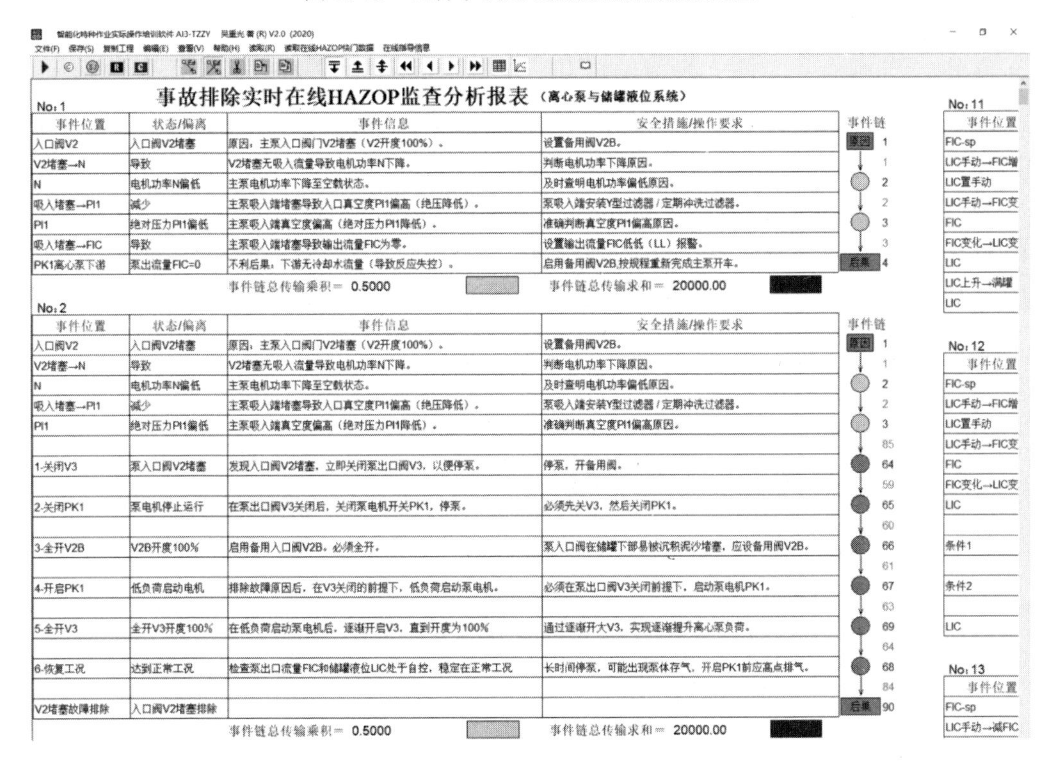

事故排除实时在线HAZOP监查分析报表（离心泵与储罐液位系统）

No：1

事件位置	状态/偏离	事件信息	安全措施/操作要求	事件链
入口阀V2	入口阀V2堵塞	原因，主泵入口阀门V2堵塞（V2开度100%）。	设置备用阀V2B。	原因 1
V2堵塞→N	导致	V2堵塞无吸入流量导致电机功率N下降。	判断电机功率下降原因。	1
N	电机功率N偏低	主泵电机功率下降至空载状态。	及时查明电机功率偏低原因。	2
吸入堵塞→PI1	减少	主泵吸入端堵塞导致入口真空度PI1偏高（绝压降低）。	泵吸入端安装Y型过滤器 / 定期冲洗过滤器。	2
PI1	绝对压力PI1偏低	主泵吸入端真空度偏高（绝对压力PI1降低）。	准确判断真空度PI1偏高原因。	3
吸入堵塞→FIC	导致	主泵吸入端堵塞导致输出流量FIC为零。	设置输出流量FIC低低（LL）报警。	3
PK1离心泵下游	泵出流量FIC=0	不利后果，下游无冷却水流量（导致反应失控）。	启用备用阀V2B,按规程重新完成主泵开车。	后果 4

事件链总传输乘积＝ 0.5000　　事件链总传输求和＝ 20000.00

No：2

事件位置	状态/偏离	事件信息	安全措施/操作要求	事件链
入口阀V2	入口阀V2堵塞	原因，主泵入口阀门V2堵塞（V2开度100%）。	设置备用阀V2B。	原因 1
V2堵塞→N	导致	V2堵塞无吸入流量导致电机功率N下降。	判断电机功率下降原因。	1
N	电机功率N偏低	主泵电机功率下降至空载状态。	及时查明电机功率偏低原因。	2
吸入堵塞→PI1	减少	主泵吸入端堵塞导致入口真空度PI1偏高（绝压降低）。	泵吸入端安装Y型过滤器 / 定期冲洗过滤器。	2
PI1	绝对压力PI1偏低	主泵吸入端真空度偏高（绝对压力PI1降低）。	准确判断真空度PI1偏高原因。	3
				85
1-关闭V3	泵入口阀V2堵塞	发现入口阀V2堵塞，立即关闭泵出口阀V3，以便停泵。	停泵，开备用阀。	64
				59
2-关闭PK1	泵电机停止运行	在泵出口阀V3关闭后，关闭泵电机开关PK1，停泵。	必须先关V3，然后关闭PK1。	65
				60
3-全开V2B	V2B开度100%	启用备用入口阀V2B。必须全开。	泵入口阀在储罐下部易被沉积泥沙堵塞，应设备用阀V2B。	66
				61
4-开启PK1	低负荷启动电机	排除故障原因后，在V3关闭的前提下，低负荷启动泵电机。	必须在泵出口阀V3关闭前提下，启动泵电机PK1。	67
				63
5-全开V3	全开V3开度100%	在低负荷启动泵电机后，逐渐开启V3，直到开度为100%	通过逐渐开大V3，实现逐渐提升离心泵负荷。	69
				64
6-恢复工况	达到正常工况	检查泵出口流量FIC和储罐液位LIC处于自控，稳定在正常工况	长时间停泵，可能出现泵体存气，开启PK1前应高点排气。	68
				84
V2堵塞故障排除	入口阀V2堵塞排除			后果 90

事件链总传输乘积＝ 0.5000　　事件链总传输求和＝ 20000.00

图 11-14　包含事故处理规程的模型推理结果报告截图

向剧情相关事件时，可以表达比较复杂的条件或使能事件序列（定性事件树结构，又称决策树）。条件或使能条件也可以插入主剧情事件链中，按使用者的目的而异。此方法就是决策树剧情法。

注意事项

原因与后果事件都是独立的事件，只能对外输出或输入一条影响关系连线。如果有相同的原因事件影响到其他中间事件或中间事件影响到相同后果事件，则需重新生成原因或后果事件，或者通过中间事件与其他事件建立影响关系。

事件分具体事件和概念事件两种，在对话框填写“事件位置”栏时，如果填写与TZZY软件统一约定的位号（软件平台“采样工况状态监测一览表”。部分单元也可从附录四查询），则认定为具体事件，否则一律认定为概念事件。在使用中只要改写位号的任一符号，就可以将具体事件变换为概念事件，或反之。

对话框中的属性填写必须用简洁且准确的文字描述，必须防止概念模糊或含义混淆的描述。对于具体事件，当读入工况“快门”数据时，自动推理判断是否超越所填写的给定阈值。概念事件不进行阈值判定。

原因事件、中间事件、影响关系和后果事件等都是事件，因此它们的属性种类有相同的规律。部分属性的具体含义有所不同，但类型名称相同，应当在填写的内容上加以准确的描述和区分。

剧情图既可以表达HAZOP“头脑风暴”的评估过程（隐式剧情），也可以表达推理分析结果（显式剧情）。建议使用直观的、简单且明了的显式剧情表达方式，即每个事件图元最多只有两条连线。

事件序号由软件自动生成，用户不必考虑。事件的种类和数量由用户确定，对话框自动区分事件类型。

影响关系也是事件，因此也具有相同分类的属性。传输（增益）、影响作用规律和影响作用时间体现在影响关系事件中。相邻两具体事件对偶间的定量影响关系只有“正向”和“反向”两种，并且与超阈值上限和下限形成四种组合方式。

图11-15是中间事件信息输入对话框。图11-16是后果事件信息输入对话框。图11-17是影响关系事件信息输入对话框。图中以离心泵与储罐液位单元为例，给出了填写内容参考。

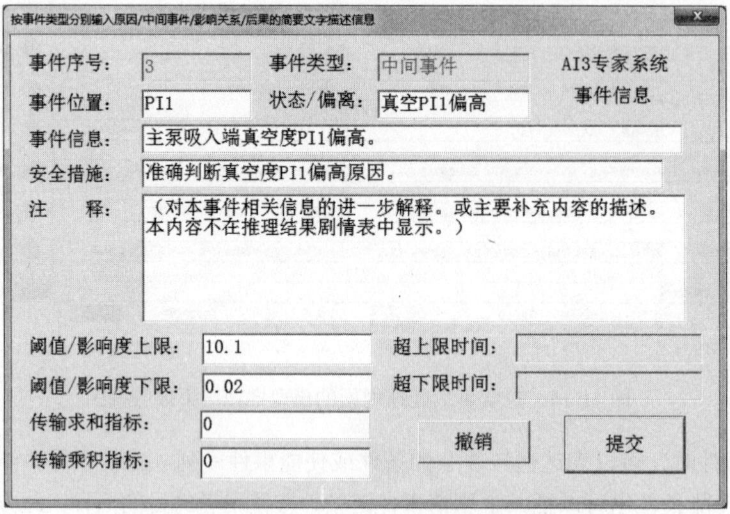

按事件类型分别输入原因/中间事件/影响关系/后果的简要文字描述信息

事件序号：3　事件类型：中间事件　AI3专家系统 事件信息

事件位置：PI1　状态/偏离：真空PI1偏高

事件信息：主泵吸入端真空度PI1偏高。

安全措施：准确判断真空度PI1偏高原因。

注　释：（对本事件相关信息的进一步解释。或主要补充内容的描述。本内容不在推理结果剧情表中显示。）

阈值/影响度上限：10.1　超上限时间：

阈值/影响度下限：0.02　超下限时间：

传输求和指标：0

传输乘积指标：0

撤销　提交

图 11-15　中间事件信息输入对话框

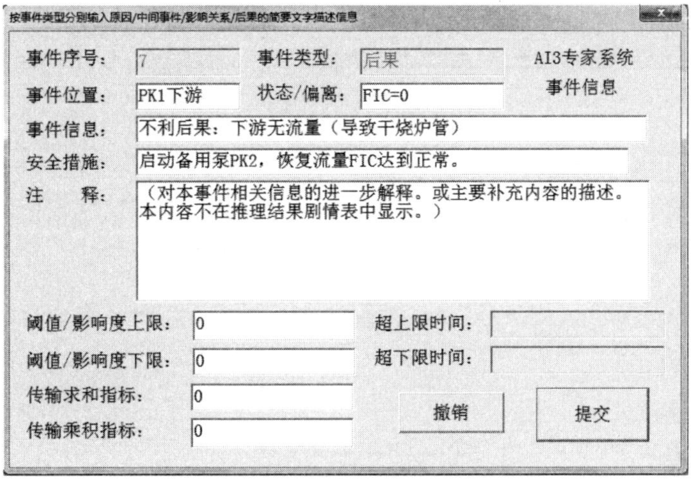

按事件类型分别输入原因/中间事件/影响关系/后果的简要文字描述信息

事件序号：7　事件类型：后果　AI3专家系统事件信息

事件位置：PK1下游　状态/偏离：FIC=0

事件信息：不利后果：下游无流量（导致干烧炉管）

安全措施：启动备用泵PK2，恢复流量FIC达到正常。

注　释：（对本事件相关信息的进一步解释。或主要补充内容的描述。本内容不在推理结果剧情表中显示。）

阈值/影响度上限：0　超上限时间：

阈值/影响度下限：0　超下限时间：

传输求和指标：0

传输乘积指标：0　撤销　提交

图 11-16　后果事件信息输入对话框

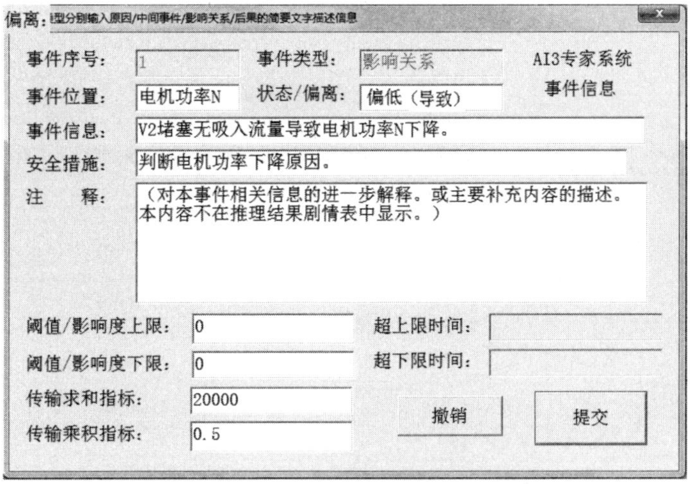

偏离：型分别输入原因/中间事件/影响关系/后果的简要文字描述信息

事件序号：1　事件类型：影响关系　AI3专家系统事件信息

事件位置：电机功率N　状态/偏离：偏低（导致）

事件信息：V2堵塞无吸入流量导致电机功率N下降。

安全措施：判断电机功率下降原因。

注　释：（对本事件相关信息的进一步解释。或主要补充内容的描述。本内容不在推理结果剧情表中显示。）

阈值/影响度上限：0　超上限时间：

阈值/影响度下限：0　超下限时间：

传输求和指标：20000

传输乘积指标：0.5　撤销　提交

图 11-17　影响关系事件信息输入对话框

（4）删除选定图元

删除选定图元分两步进行。

第一步　确认处于“退出连线及输入各事件信息”模式（该按钮处于按下状态），选择需要删除的图元，当光标进入图元区域（包括连线范围），单击鼠标右键，即可看到被选定的图元会被红色方框框住，或连线变为红色。可以任意选择希望删除的多个图元。如图 11-18 所示，选择了一个序号为“5”事件。

第二步　单击工具栏的剪切按钮“ ”，希望删除的图元即被删除，如图 11-19 所示。**注意：**如果选择了原因、后果或中间事件，则其相关的连线会自动删除。连线只删除自身。

如果希望恢复当前选定删除的各图元，只需单击工具栏的按钮“ ”即可。不设多次递归恢复功能。

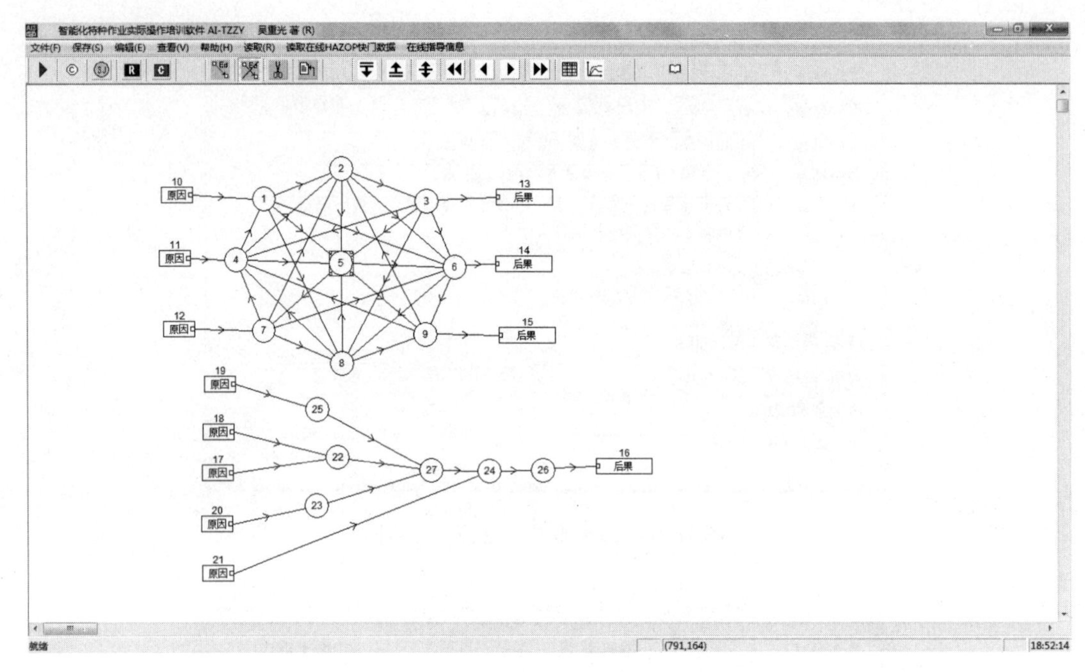

图 11-18 选定需要删除的图元

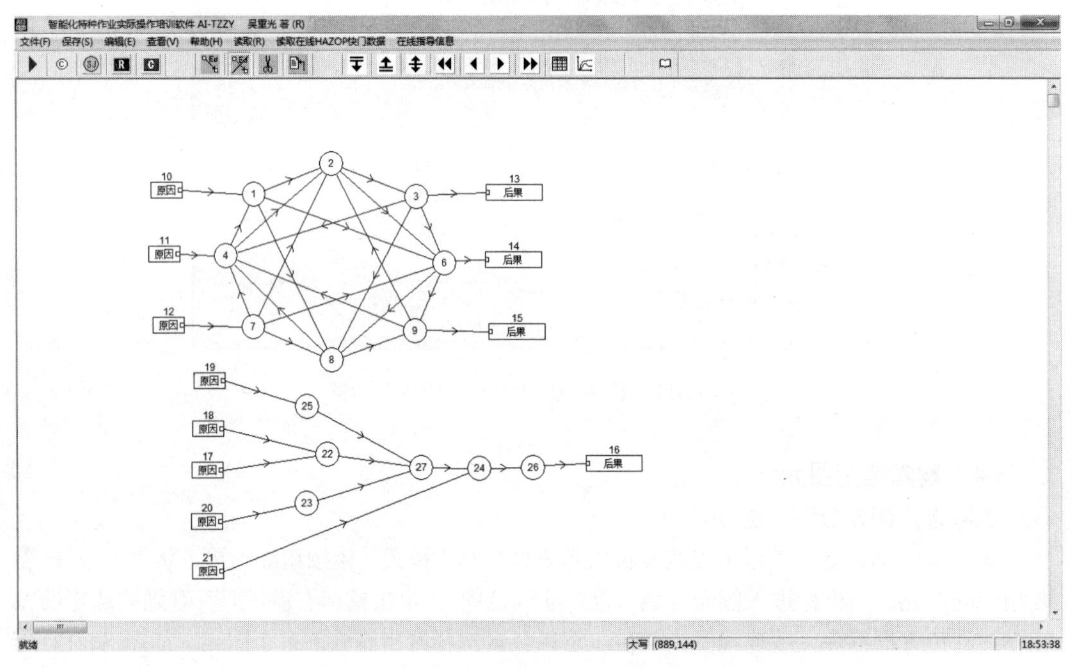

图 11-19 选定图元和相关连线图元自动删除

（5）复制选定图元

当同一事件需要分别描述在不同的阈值下，有不同的剧情结构，或同一事件在显式建模时可能多次出现在不同的剧情结构中，或事件属性有多种相同信息时，为了方便图形化建模，软件允许复制选定的各类图元，必要时只做部分信息修改。每次复制的图元允许达到数百个。

复制选定图元分两步进行。

第一步　确认处于“退出连线及输入各事件信息”模式按钮按下状态，选择需要复制的图元，当光标进入图元区域（包括连线范围），单击鼠标右键，即可看到被选定的图元会被红色方框框住，或连线变为红色。可以任意选择希望复制的多个图元。与删除图元的选择方法完全相同。

第二步　单击工具栏的复制按钮“ ”，希望复制的图元即被复制，其新增的图元序号软件自动赋值。为了方便识别，被复制的图元位于选定复制图元的下方，用户可以通过拖动功能，将该被复制图元移动到新的位置。**注意：**如果选择了希望复制的连线，只有该连线的两端事件都被选定复制，才能复制被选的连线，否则即使被选定也不予复制。复制图元需要慎重，不得多重复制。除非继续选择，才能再次复制同一图元，以防思维混乱。

5. 模型文件读取和保存

模型文件包括建模时输入和绘制的所有“内容信息”和“结构信息”。文件的读取和保存通过菜单栏完成。当鼠标单击菜单栏“读取（R）”项时，弹出文件读取下拉菜单，如图 11-20 所示，其中选项有 10 个数据文件。文件名定义为：csa_1.dat 至 csa_10.dat。其中第 1～7 个文件分别固定对应 7 个危化特种作业仿真培训软件（TZZY），用户不得自行改变文件名，如表 11-1 所示。文件 8～10 用户可任意使用。

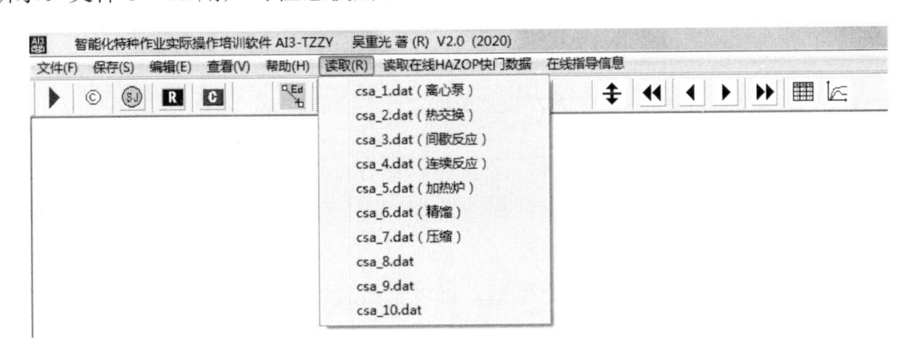

图 11-20　读取数据文件下拉菜单

表 11-1　数据文件与仿真培训软件（TZZY）对照表

序号	文件名	危化特种作业实操仿真培训软件（TZZY）名称
1	csa_1.dat	离心泵与储罐液位系统
2	csa_2.dat	热交换系统
3	csa_3.dat	间歇反应系统
4	csa_4.dat	连续反应系统
5	csa_5.dat	加热炉系统
6	csa_6.dat	精馏系统
7	csa_7.dat	透平与往复压缩系统

在下拉菜单中选定一个数据文件后，桌面调出已有图形化知识图谱模型，可以修改、补充模型，然后进行自动推理和结果显示。

当鼠标单击菜单栏“保存（S）”项时，弹出文件保存下拉菜单，如图 11-21 所示。**注意：**在保存数据文件时，必须按照表 11-1 的规定序号选项，否则会打乱数据的对应关系。其中最主要的限制是，前面的 7 个不同的数据文件对应着 7 个不同的仿真单元，其中的具体事件是用预先定义的“位号”获取对应的“快门”数据。不能打乱对应关系。而 8、9、10 三个数据文件不对应任何仿真单元，因此也不能接收“快门”数据。也就是推理时全部事件都看作“概念事件”，可以实施“可达性”路径试验。在这三个建模空间可以任意编辑前 7 个知识图谱模型，当替换为前 7 个其中的某一个模型文件名时，就可以接收对应的仿真单元“快门”数据，实现该系统的推理和结果显示。当试验多个针对同一个仿真单元知识图谱模型方案时也可以采用此种技巧。

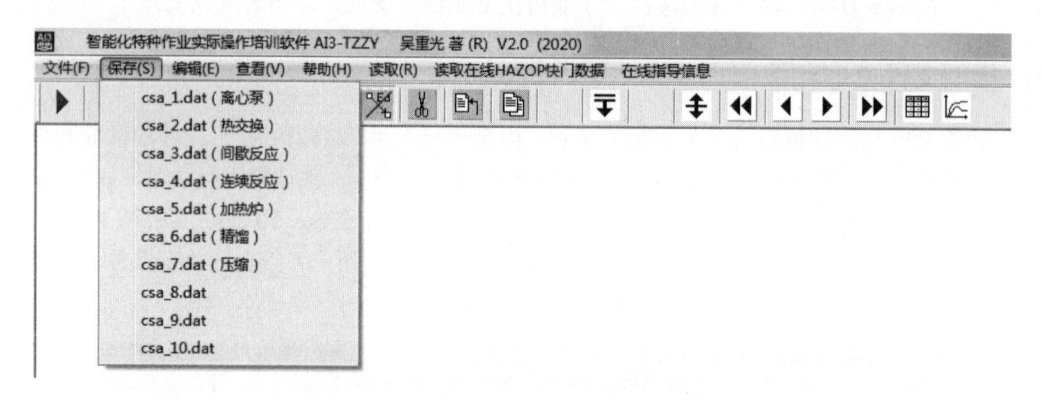

图 11-21　保存数据文件下拉菜单

每当模型有任何修改或任何补充时，必须加以保存，否则文件仍维持原来的信息不变。当模型修改后保存数据时，会覆盖原来的模型数据，因此必须慎重。软件会给出提示，允许不保存该数据到当前指定的数据文件中。

如果用户使用本软件属于自行定制模型，可以不必遵守文件序号规定，按用户需求在 8、9、10 建模空间中自行定义。没有规定更多的建模空间是为了不会产生过多的“垃圾”信息。因此，当必须保留更多的建模文件时，只要将数据文件改名即可。每一个模型的数据由两个分数据文件构成，一个存实数数据，另一个存符号数据。实数数据文件名如图 11-21 所示。对应的字符数据文件名为：csa_12.dat，csa_22.dat，csa_32.dat，…，csa_82.dat，csa_92.dat，csa_102.dat 等 10 个。

6. 读取“快门”数据文件

软件对应每一个危化品特种作业仿真培训软件（TZZY），定义了 5 个工况数据记录“快门”文件。当实施自动推理之前，读入某一个“快门”数据，则自动完成误操作自解释模式，推理结果是仿真培训软件存入该“快门”文件时刻的工况解释信息。实施推理前，“读取在线 HAZOP 快门数据的”下拉菜单如图 11-22 所示。

注意：读取的数据一定是仿真培训时保存过的对应的“快门”数据，否则自动推理解释的信息不是所要求的信息。

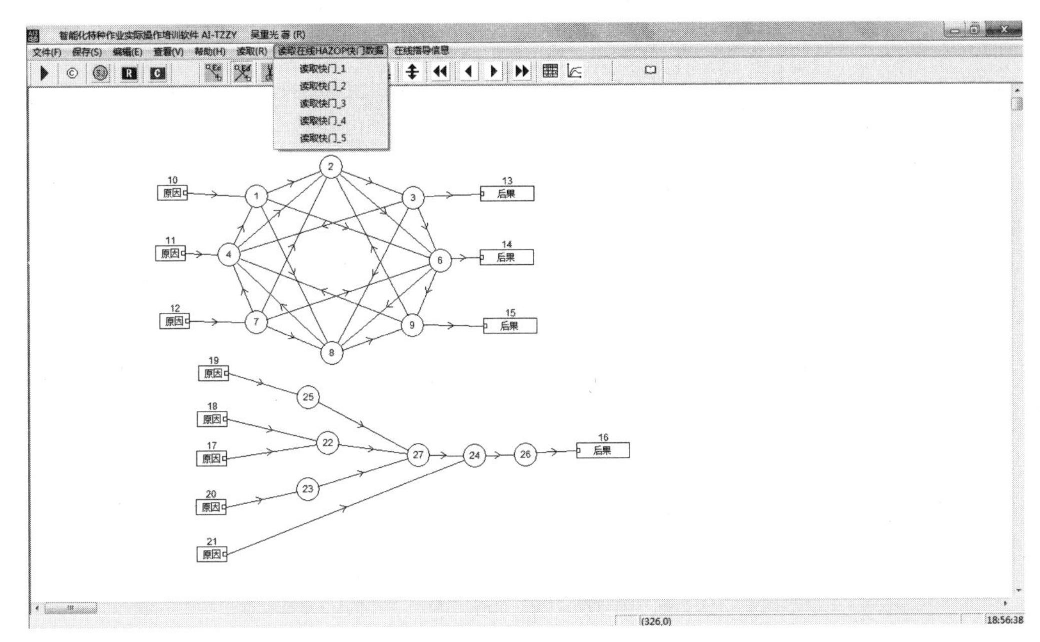

图 11-22 “读取在线 HAZOP 快门数据”下拉菜单

三、推理

1. 正向推理

在识别危险剧情时，按因果事件链从初始原因向不利后果推理搜索的过程称为正向推理。解释误操作导致的不利后果危险剧情，常使用正向推理。例如：操作工误操作开大了某一阀门，会导致什么危险剧情以及不利后果？如何排除？操作工误操作关闭了一台离心泵，会导致什么危险剧情以及不利后果？如何排除？等等，都是正向推理得到的剧情结果。

在读取对应的模型数据文件，并且读取了某一相关工况“快门”数据文件后，当用鼠标单击工具栏的正向推理按钮“ ”时，软件自动完成正向推理，并在桌面显示推理任务完成信息。推理获取的危险剧情总数和模型的支路总数信息如图 11-23 所示。

然后进入正向推理结果信息查询操作。此时直接用鼠标单击菜单栏“在线指导信息”，即可进入详细的危险剧情显示画面，如图 11-24 所示。

正向（包括反向）推理得到的危险剧情都是从初始原因开始，按因果事件链的顺序直到不利后果为止。推理完成后查询“在线指导信息”时，直接点击按钮“ ”，则返回模型画面，此时模型画面自动用色标显示当前工况各具体事件的偏离状态。正偏离是超建模设计的阈值上限，用“橙色”标记；正常状态是在上限阈值和下限阈值之间，用“绿色”标记；负偏离是超阈值下限，用“蓝色”标记。概念事件一律用“粉红色”标记。如图 11-25 所示。

图 11-23 推理任务完成信息

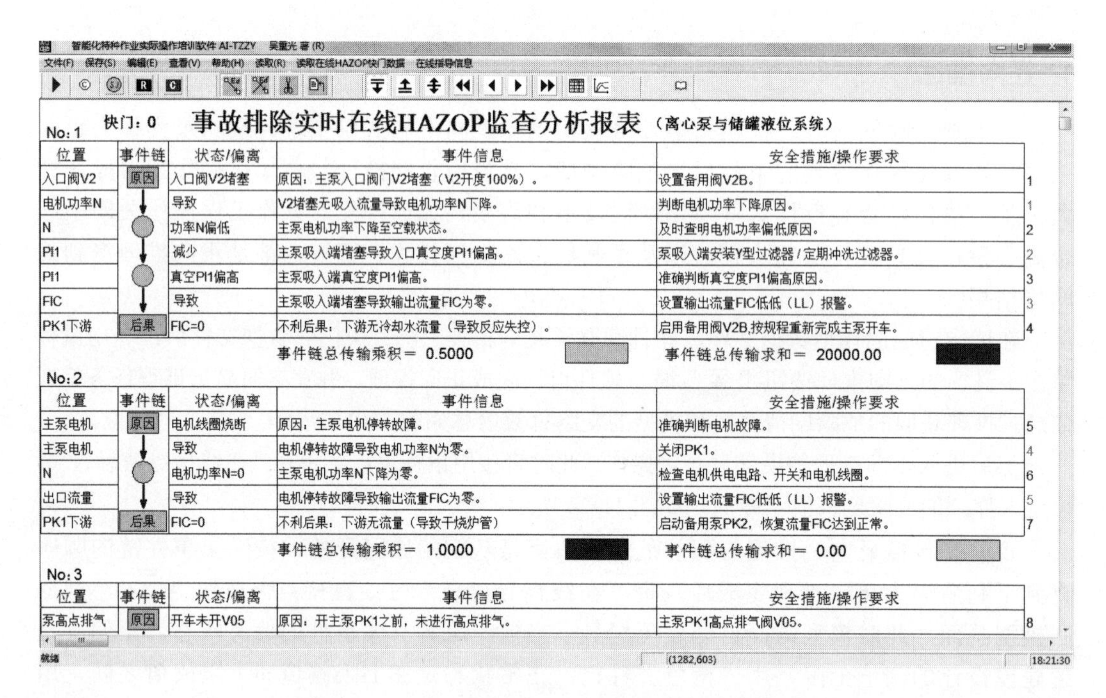

智能化特种作业实际操作培训软件 AI-TZZY 吴重光 著 (R)

文件(F) 保存(S) 编辑(E) 查看(V) 帮助(H) 读取(R) 读取在线HAZOP快门数据 在线指导信息

快门：0 **事故排除实时在线HAZOP监查分析报表**（离心泵与储罐液位系统）

No：1

位置	事件链	状态/偏离	事件信息	安全措施/操作要求	
入口阀V2	原因	入口阀V2堵塞	原因：主泵入口阀门V2堵塞（V2开度100%）。	设置备用阀V2B。	1
电机功率N		导致	V2堵塞无吸入流量导致电机功率N下降。	判断电机功率下降原因。	1
N		功率N偏低	主泵电机功率下降至空载状态。	及时查明电机功率偏低原因。	2
PI1		减少	主泵吸入端堵塞导致入口真空度PI1偏高。	泵吸入端安装Y型过滤器 / 定期冲洗过滤器。	2
PI1		真空PI1偏高	主泵吸入端真空度PI1偏高。	准确判断真空度PI1偏高原因。	3
FIC		导致	主泵吸入端堵塞导致输出流量FIC为零。	设置输出流量FIC低低（LL）报警。	3
PK1下游	后果	FIC=0	不利后果：下游无冷却水流量（导致反应失控）。	启用备用阀V2B,按规程重新完成主泵开车。	4

事件链总传输乘积＝ 0.5000　　事件链总传输求和＝ 20000.00

No：2

位置	事件链	状态/偏离	事件信息	安全措施/操作要求	
主泵电机	原因	电机线圈烧断	原因：主泵电机停转故障。	准确判断电机故障。	5
主泵电机		导致	电机停转故障导致电机功率N为零。	关闭PK1。	4
N		电机功率N=0	主泵电机功率N下降为零。	检查电机供电电路、开关和电机线圈。	6
出口流量		导致	电机停转故障导致输出流量FIC为零。	设置输出流量FIC低低（LL）报警。	5
PK1下游	后果	FIC=0	不利后果：下游无流量（导致干烧炉管）	启动备用泵PK2，恢复流量FIC达到正常。	7

事件链总传输乘积＝ 1.0000　　事件链总传输求和＝ 0.00

No：3

位置	事件链	状态/偏离	事件信息	安全措施/操作要求	
泵高点排气	原因	开车未开V05	原因：开主泵PK1之前，未进行高点排气。	主泵PK1高点排气阀V05。	8

就绪　(1282,603)　18:21:30

图 11-24 正向（包括反向）推理危险剧情显示画面

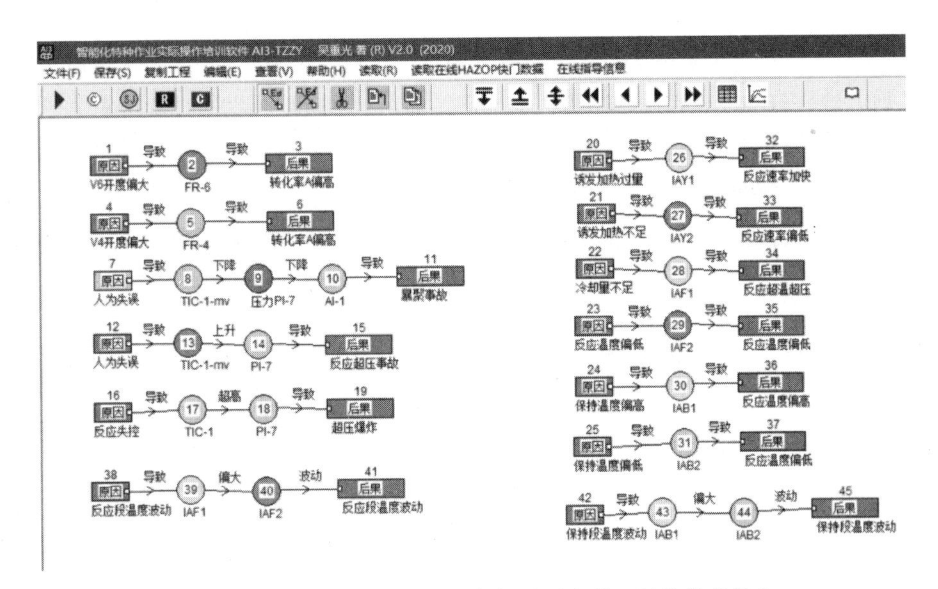

图 11-25　推理完成后自动用色标显示当前工况的偏离状态

2. 反向推理

按因果事件链从不利后果向初始原因推理搜索的过程称为反向推理。在危险识别中反向推理称为后果优先方法，可以节省分析时间，不易遗漏重大不利后果的危险剧情（因为正向推理如果最后没有重大不利后果，前面的分析推理就白费时间了）。

在读取对应的模型数据文件，并且读取了某一相关工况“快门”数据文件后，当用鼠标单击工具栏的反向推理按钮“≛”时，软件自动完成反向推理。

虽然反向推理是从不利后果向初始原因推理，但是反向推理结果显示画面与正向推理的事件顺序相同。如图 11-24 所示。

3. 双向推理

双向推理是从中间事件的偏离开始，分别向不利后果及初始原因推理，搜索危险剧情。这种推理方法的结构较为复杂，而且可能包括演绎与归纳两种论证。双向（溯因）推理的主要特征是给出一组或多或少有争议的假设，要么成为其他可能解释的证据，要么展现出赞成的结论的可能性，来探索赞成多个结论中的一个。本推理方法是因果反事实推理的实施方法。

HAZOP 是使用特定的引导词对中间事件施以偏离，并且采用反事实双向推理分析获取系统全部可能发生的危险剧情的方法。故障诊断也是采用双向推理，与 HAZOP 分析的不同目标是，还需要借助于实时在线监测数据，通过阈值超限比较，在系统全部可能发生的危险剧情中识别当前正在发生的危险剧情。在专家系统中，双向推理是一种有效的知识库询问与回答方法。当完成 HAZOP 分析以后，分析得到的所有显式（非隐式）危险剧情就是知识库的内容。当询问任何一个危险相关事件（即中间事件）时，自动推理机就从该事件双向推理得到直接有关的所有危险剧情信息。这也是个性化智能教学专家系统的运行方式。

双向推理必须首先选定中间推理起始事件，用鼠标左键双击所选事件即可。被选中的中间事件显示红色。再次双击选定事件为退掉该事件。然后当用鼠标单击工具栏的双向推理按钮“⇕”时，软件自动完成选定中间事件的双向推理。一次推理可以同时选定多个中间事件。

所有内容参照正向推理。双向推理选定事件点画面如图 11-26 所示。图中选定了中间事件 6 和 9，双向推理结果显示画面如图 11-27 所示。

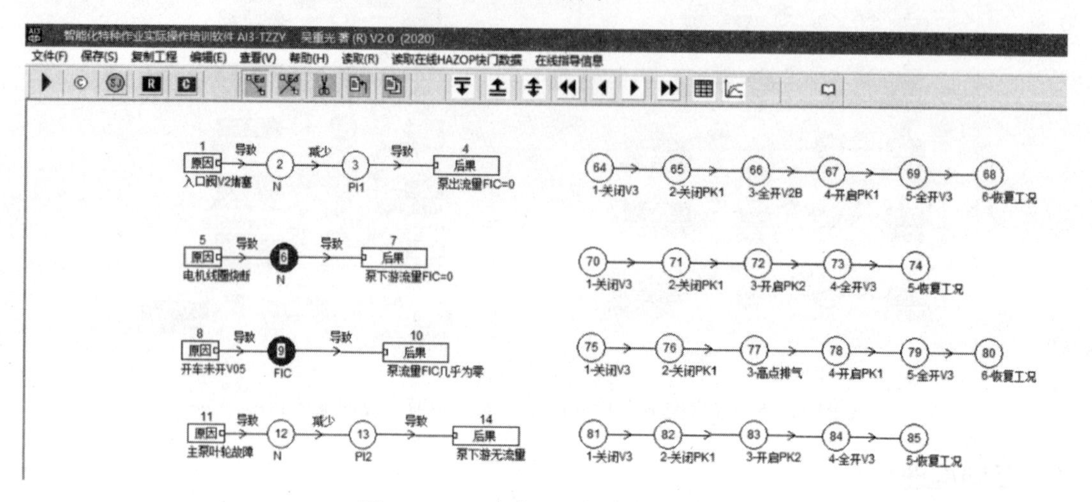

图 11-26 双向推理选定事件点画面

智能化特种作业实际操作培训软件 AI-TZZY 吴重光 著 (R)

文件(F) 保存(S) 编辑(E) 查看(V) 帮助(H) 读取(R) 读取在线HAZOP快门数据 在线指导信息

快门：0 **事故排除实时在线HAZOP监查分析报表**（离心泵与储罐液位系统）

No: 1

位置	事件链	状态/偏离	事件信息	安全措施/操作要求	
主泵电机	原因	电机线圈烧断	原因：主泵电机停转故障。	准确判断电机故障。	5
主泵电机		导致	电机停转故障导致电机功率N为零。	关闭PK1。	4
N		电机功率N=0	主泵电机功率N下降为零。	检查电机供电电路、开关和电机线圈。	6
出口流量		导致	电机停转故障导致输出流量FIC为零。	设置输出流量FIC低低（LL）报警。	5
PK1下游	后果	FIC=0	不利后果：下游无流量（导致干烧炉管）	启动备用泵PK2，恢复流量FIC达到正常。	7

事件链总传输乘积＝ 1.0000　　事件链总传输求和＝ 0.00

No: 2

位置	事件链	状态/偏离	事件信息	安全措施/操作要求	
泵高点排气	原因	开车未开V05	原因：开主泵PK1之前，未进行高点排气。	主泵PK1高点排气阀V05。	8
主泵PK1		波动	开车时未进行高点排气导致主泵PK1气缚。		6
FIC		FIC波动	主泵出口流量FIC大幅波动，无法正常运行。	准确判断离心泵气缚故障。	9
FIC		波动	主泵气缚故障导致输出流量FIC几乎为零。	关闭PK1。	7
主泵下游	后果	FIC几乎为零	不利后果：主泵下游无流量（导致超温事故）	及时关泵。按规程重开主泵，注意高点排气。	10

事件链总传输乘积＝ 1.0000　　事件链总传输求和＝ 0.00

就绪　(1037,564)　18:28:26

图 11-27 双向推理结果显示画面

为了完备地搜索与所选中间事件相关的危险剧情，双向推理方法采用了故障诊断模式。即不是简单地从中间事件向初始原因及不利后果推理，而是先反向推理搜索全部相关的初始原因事件，然后从这些原因事件正向推理得到所有危险剧情。这种双向推理方式完备性高。国外知名专家系统软件基本上都不提供双向推理。本软件提供双向推理是一大特色。

4. 推理输出结果表达

（1）AI3 推理结果的表格化报告

如图 11-28 所示，当推理完成后，用鼠标在菜单栏选定推理结果报表画面，如图 11-14 所示案例。报表给出如下内容。

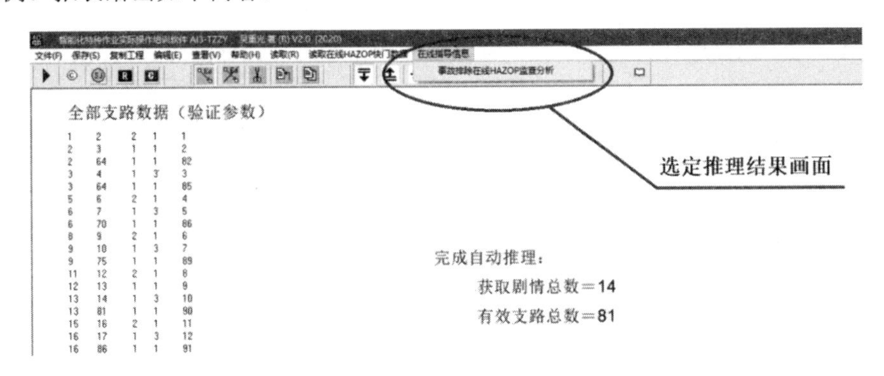

图 11-28　在菜单栏选定推理结果报表画面的方法

① 对应推理获得的每一个显式（即非隐式）单原因-单后果剧情，给出一个在左上角标有剧情序号（例如 No:2）的报表，报表的每一行对应因果事件链序列中的一个事件或一个事件间的影响关系，并且在报表的右端，自上而下从原因到后果显示具有相容性色标的一列剧情链图，以及对应模型画面的事件和影响关系的序号，便于将剧情图与模型画面相互对照查询。该报表是对每一个危险剧情的完备、详细、形象的自然语言描述和解释。

② 对应剧情中每一个事件和影响关系，报表中显示对应的自然语言文字的解释，包括该事件的工艺流程的具体位置、事件的状态或条件、事件信息、相应的安全措施和安全操作要求等四项重要内容，如图 11-14 和图 11-24 所示。

③ 显示报表的内容对于开发版（AI3-K）和应用版（AI3-Y）有所不同。开发版为了便于开发、补充和修改模型，必须显示所有推理得到的剧情。应用版只显示当前发生的并且是全剧情都符合相容规则的剧情，以及全部由概念事件构成的，或者属于“疑似”发生的剧情，即自动排除了无效或当前没有发生的危险剧情，是故障诊断的结果。

报表的显示涉及剧情的相容性自动判定。所谓相容路径就是危险可以传播的路径。软件自动判定的实施规则如下。

规则 1　凡是属于仿真对应单元位号（位号名称的完整符号串，常用大写英文字符表示，例如 FIC-105、TRC-1209、PIC-03、LIC-2 等，详见仿真软件过程变量说明）规定的可观测变量，称为具体事件。

规则 2　两相邻的符合具体事件规定的因果事件对偶，依据其影响关系的正作用或反作用，采用具体事件一致性和条件约束推理方法判定。相容时两对偶事件色标变为浅橙色。不相容的具体事件维持其正常或超限状态色标（与模型画面色标规定相同）。

规则 3　两相邻因果对偶具体事件的中间嵌入了一个以上概念事件，则认定概念事件完全传递前面的原因事件传输，直到对偶的后果事件。即不改变具体事件对偶的影响关系，仍然遵循规则 2 的判定。影响关系认定为前一具体事件引出的关系事件。

规则 4 凡是不属于仿真对应单元规定位号的事件，都视为概念事件，并且认为相邻的概念事件都相容或“疑似”相容。事件图元在剧情链图中都标以粉红色。

规则 5 对于概念事件或对应仿真培训软件没有预先输入工况“快门”数据文件的情况，推理时不进行相容性判断。事件链图元都为粉红色，即全部认作概念事件，相当于 HAZOP 分析报告。

推论 1 第一原因事件为具体事件，并且处于正常状态（色标为绿色），该剧情不相容。即剧情没有发生。

推论 2 全剧情只要有一个具体事件处于正常状态（色标为绿色），该剧情不相容。即剧情没有发生或未遂事件。

推论 3 全剧情只有唯一的具体事件时，只要该事件超限（色标为橙色或蓝色），该剧情就相容，即已经发生，并且该具体事件标记为浅橙色。

相容判定案例 1

离心泵与液位系统总模型中的领结模型在一个故障工况时刻，各事件的状态如图 11-29 色标所示。通过所显示的状态偏离阈值的色标，可以识别出 57 号原因事件，沿中间事件 63→58→59→88→89，到后果事件 60，是一个全部相容的剧情。从原因事件到后果事件链，AI3 软件自动穿越粉红色的概念事件 88 和 89，两两相邻具体事件依次判断如下：

① 具体事件 57 超上限（橙色），自动穿越 63 事件（粉红色），与对偶事件 58 超上限（橙色）比较，57 事件之后是实线箭头，即正作用，因此 57 与 58 相容，在报表中两个具体事件替换为浅橙色；

② 58 与 59 对偶具体事件，58 超上限（橙色），59 超下限（蓝色），两事件间影响关系是反作用，因此两者相容，在报表中两个具体事件替换为浅橙色；

③ 自动穿越 88 和 89 概念事件，判断 59 与 60 对偶具体事件是否相容，影响关系是正作用（见 59 事件之后的实线箭头），并且两个事件都超下限（蓝色），因此相容，在报表中两个具体事件替换为浅橙色。

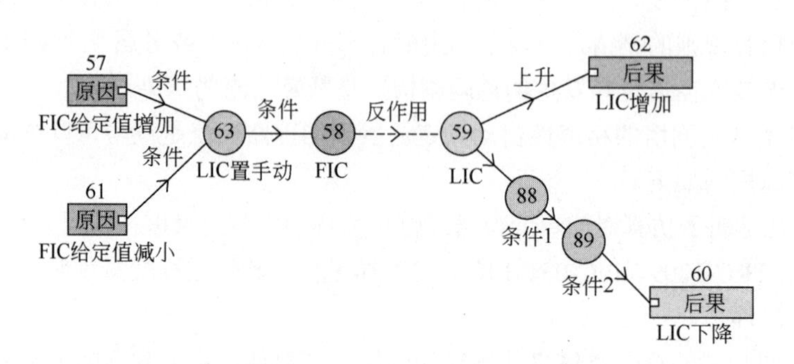

图 11-29 离心泵液位单元中的领结模型各事件的状态之一

将以上判断连贯起来，可知该剧情全部相容，即全剧情正在发生。因为在 LIC 置手动的条件下，FIC 给定值增加必然导致储罐出口流量 FIC 增大，接着使液位 LIC 下降，最终不利后果是储罐液被抽空事故。自动推理和相容判定的结果报表如图 11-30 所示。对于领结形状的模型，用人工视觉直接实施一致性判断还是容易的，但是在网络形状的模型中人工判断就十分困难了。用 AI3 软件自动推理判断易如反掌。

事件位置	状态/偏离	事件信息	安全措施/操作要求	事件链
FIC-sp	FIC给定值增加	原因，人为将控制器FIC给定值增加。		原因 57
LIC手动→FIC增加	条件	在控制器LIC手动的前提条件下，增加FIC给定值。		56
LIC置手动	LIC置手动模式	在LIC置手动前提条件下，改变控制器FIC给定值。		63
LIC手动→FIC变化	条件	在储罐液位LIC控制器手动模式下，改变FIC给定值。		58
FIC	FIC增加或减少	人为改变控制器FIC给定值导致流量FIC增加或减少。		58
FIC变化→LIC变化	反作用	LIC手动模式下，当FIC变化，导致储罐液位LIC变化。		52
LIC	储罐液位变化	流量FIC"增/减"导致储罐液位LIC"减/增"。	关注储罐液位是否持续增加或持续减少。	59
				79
条件1				88
				80
条件2				89
				81
LIC	LIC下降	后果，储罐液位LIC持续下降，导致储罐抽空事故。	及时发现LIC持续下降，增加上游流量，将LIC投自动。	后果 60

图 11-30　领结模型当前工况之一的相容剧情报表

相容判定案例 2

离心泵与液位系统总模型中的领结模型在另外一个故障工况时刻，各事件的状态如图 11-31 各事件色标所示。通过所显示的状态偏离阈值的色标，可以识别出 61 号原因事件，沿中间事件 63→58→59，到后果事件 62，是一个全部相容的剧情。从原因事件到后果事件链，AI3 软件自动穿越粉红色的概念事件 63，两两相邻具体事件依次判断如下：

① 参照案例一，61（蓝色）和 58（蓝色）具体事件对偶正作用相容，在报表中两个具体事件替换为浅橙色；

② 58（蓝色）和 59（橙色）具体事件对偶反作用相容，在报表中两个具体事件替换为浅橙色；

③ 59（橙色）和 62（橙色）具体事件对偶正作用相容，在报表中两个具体事件替换为浅橙色。

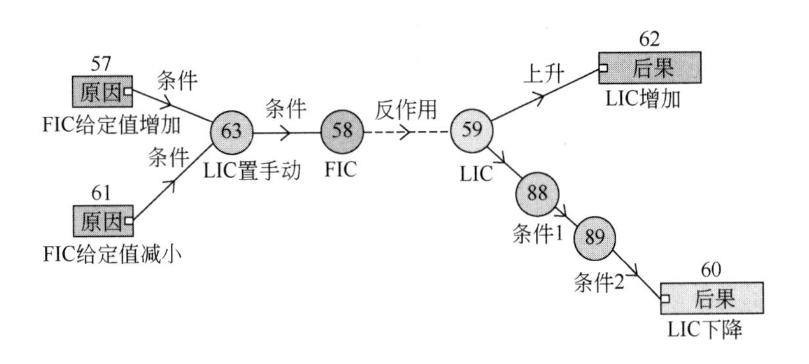

图 11-31　离心泵液位单元中的领结模型各事件的状态之二

将以上判断连贯起来，可知该剧情全部相容，即正在发生。因为在 LIC 置手动的条件下，FIC 给定值减少必然导致储罐出口流量 FIC 减少，接着使液位 LIC 上升，最终不利后果是满罐溢流事故。自动推理和相容判定的结果报表如图 11-32 所示。

事件位置	状态/偏离	事件信息	安全措施/操作要求	事件链
FIC-sp	FIC给定值减小	原因，人为将控制器FIC给定值减少。		原因 61
LIC手动→减FIC给定	条件	在储罐液位LIC手动模式下，减小控制器FIC给定值。		57
LIC置手动	LIC置手动模式	在LIC置手动前提条件下，改变控制器FIC给定值。		63
LIC手动→FIC变化	条件	在储罐液位LIC控制器手动模式下，改变FIC给定值。		58
FIC	FIC增加或减少	人为改变控制器FIC给定值导致流量FIC增加或减少。		58
FIC变化→LIC变化	反作用	LIC手动模式下，当FIC变化，导致储罐液位LIC变化。		52
LIC	储罐液位变化	流量FIC"增/减"导致储罐液位LIC"减/增"。	关注储罐液位是否持续增加或持续减少。	59
LIC上升→满罐	上升	当储罐液位持续上升，会导致满罐溢流。		55
LIC	LIC增加	后果，储罐液位LIC持续升高满罐溢流，污染环境。	及时发现LIC持续升高，减小上游流量，将LIC投自动。	后果 62

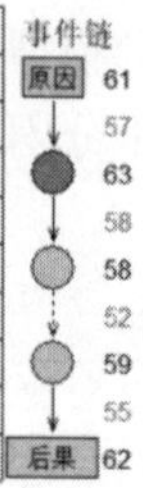

图 11-32　领结模型当前工况之二的相容剧情报表

不相容判定案例 3

从离心泵与液位系统总模型中的领结模型图 11-29 所处的工况状态，还可以推理得到 57→63→58→59→62 剧情，结果报表如图 11-33 所示。报表显示该剧情不相容。仔细查看报表的内容，有实际经验的工程技术人员很快就可能认为这个剧情在实际装置中是不可能发生的。因为一个储罐的入口流量不变的前提下，出口流量增加到大于入口流量时只能使液位下降，不可能升高到满罐。此外在图 11-31 中，61→63→58→59→88→89→60 剧情也是不相容的剧情。

事件位置	状态/偏离	事件信息	安全措施/操作要求	事件链
FIC-sp	FIC给定值增加	原因，人为将控制器FIC给定值增加。		原因 57
LIC手动→FIC增加	条件	在控制器LIC手动的前提条件下，增加FIC给定值。		56
LIC置手动	LIC置手动模式	在LIC置手动前提条件下，改变控制器FIC给定值。		63
LIC手动→FIC变化	条件	在储罐液位LIC控制器手动模式下，改变FIC给定值。		58
FIC	FIC增加或减少	人为改变控制器FIC给定值导致流量FIC增加或减少。		58
FIC变化→LIC变化	反作用	LIC手动模式下，当FIC变化，导致储罐液位LIC变化。		52
LIC	储罐液位变化	流量FIC"增/减"导致储罐液位LIC"减/增"。	关注储罐液位是否持续增加或持续减少。	59
LIC上升→满罐	上升	当储罐液位持续上升，会导致满罐溢流。		55
LIC	LIC增加	后果，储罐液位LIC持续升高满罐溢流，污染环境。	及时发现LIC持续升高，减小上游流量，将LIC投自动。	后果 62

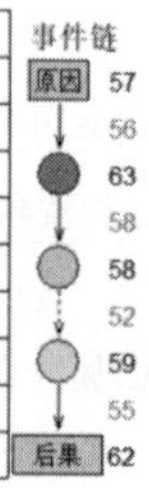

图 11-33　领结模型当前工况之一的不相容剧情报表

但是，此类剧情的一种可能是 LIC 液位计失效导致指示虚高（或者虚低）。如果建模时增加这种条件（概念）事件描述后，以上两个剧情转换成相容剧情，并且有重要的实际意义。这也恰恰印证了由具体事件构成的知识图谱模型嵌入概念事件后扩展了对客观实际问题的描述能力。

AI3 软件在每一个剧情的结束行显示因果事件链，即显式（非隐式）单原因-单后果剧情中所有影响关系传输（又称支路增益或放大倍数）的总乘积原理如图 11-34 所示。所有影响关系传输（可以是支路影响历经的时间或支路的影响权重）的总求和原理见图 11-35 所示。长方块色标采用绿、黄或红表达数量级的三个相对级别。

对应各影响关系的传输，必须在影响关系事件对话框中填写，在其他类型事件的对话框中填写无效。对于同一个剧情而言，传输的对话框数据写入符合交换律，既可以一次性在一个影响关系上写入总量，也可以在多个影响关系中换位写入分量。

当计算剧情传输乘积时常有两种情况。

① 剧情影响度计算。剧情中各影响关系的增益总乘积称为该剧情的影响度。剧情影响度的取值是 [0, 1] 之间的实数，是所有获取的危险剧情中相对比较值。剧情影响度<0.3 为绿色；0.3～0.7 为黄色；>0.7 为红色。影响度是该剧情发生剧烈或平缓的表征。

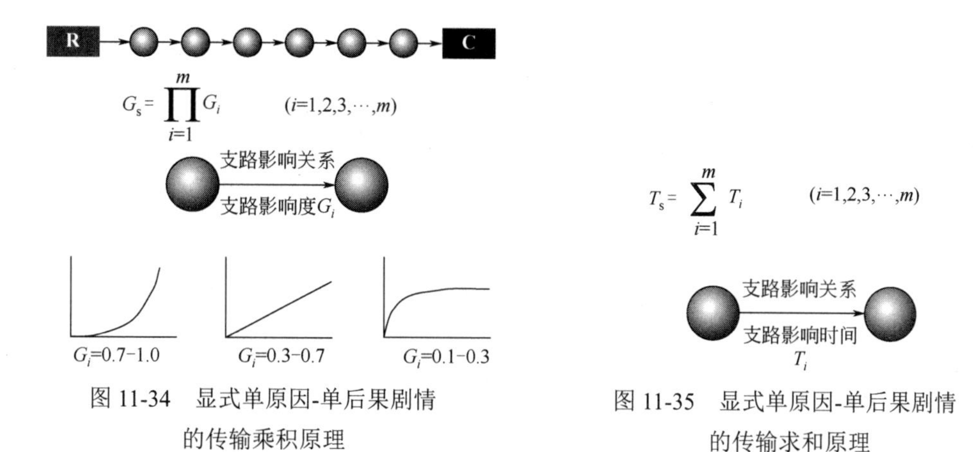

图 11-34　显式单原因-单后果剧情的传输乘积原理

图 11-35　显式单原因-单后果剧情的传输求和原理

也可以应用此功能表达不确定推理的“确定度”，取值也是[0，1]之间的实数，物理意义是该影响关系发生的概率或称可能性。

② 剧情风险度计算。一个危险剧情经多种条件概率修正（乘积关系）的原因失效频率与不利后果严重度总乘积等于风险值。剧情风险值<100 为绿色；100～1000 为黄色；>1000 为红色。当总增益求积时，如果某影响关系的增益没有填入数据，则该支路增益默认值为 1.0。剧情风险度是依据国际公认的保护层分析（LOPA）计算方法获取。顾名思义，就是该剧情在所有推理获取的剧情中的相对风险大小，风险值越大，危险剧情导致的破坏和损失越大。

显式（非隐式）单原因-单后果剧情影响关系的传输求和值与风险值长方块色标分级相同。剧情影响关系传输求和也有多种用途。例如，将每一支路的发生时间求和，就是该剧情从原因开始导致后果发生的总时间估计。剧情发生的总时间越短，处理该事故的紧迫性越强。依据 LOPA 的推荐数据，总时间小于 10min，操作工已经难于响应处理该事故；如果大于 30min，操作工可以处理。总时间越长，操作工越容易处理。这也是设计是否采用自动紧急停车系统的依据之一。剧情传输求和还可以用于最少能耗、最优传感器设计或最小成本规划等工程分析。

AI3 软件将总剧情显示数量限制在 20000 个，多于 20000 个时不予显示。因为显示剧情结果太多时，人工已经无法分辨和记忆如此多的记录信息。但推理获取的剧情数量不限。桌面每一页显示 20 个剧情，分两列，每一列 10 个剧情。如果模型比较复杂，推理得到的危险剧情数量很多，则提供翻页查询功能。单三角按钮按页翻动，双三角按钮单击一次翻动 10 页。

（2）工况数据（“快门”）一览表

对应每一个仿真培训软件最多可以一次询问 5 个问题。超过 5 个问题，在专家系统回答之后，可以继续提问无数次（每次 5 个）。此举在于防止用户记错记混。当读取一个在线快门，并且完成一种推理之后，单击工具栏的按钮“▦”（显示当前工况状态监测一览表）时，将显示图 11-36 所示表格。**注意：**按钮为按下保持状态，必须再次单击该按钮才能退出一览表画面。

智能化特种作业实际操作培训软件 AI-TZZY 吴重光 著 (R)

文件(F) 保存(S) 编辑(E) 查看(V) 帮助(H) 读取(R) 读取在线HAZOP快门数据 在线指导信息

（间歇反应系统） 采样工况状态监测一览表 采样时间：2016-01-10 16:37:32 快门：2

序号	位号	变量名称 （计量单位）	正常值	当前值	正常上限	正常下限	状态
1	HV-17	夹套蒸气加热阀（0-100%）	20.00	26.00	25.00	15.00	
2	HV-18	夹套水冷却阀（0-100%）	0.00	0.00	5.00	0.01	
3	HV-19	蛇管水冷却阀（0-100%）	0.00	0.00	5.00	0.01	
4	HV-21	反应釜放空阀（0-100%）	0.00	0.00	5.00	0.01	
5	V15	反应釜进料阀（0-1）	0	0	1.10	0.10	
6	V16	反应釜进料阀（0-1）	0	0	1.10	0.10	
7	V20	反应釜出料阀（0-1）	0	0	1.10	0.10	
8	V25	高压水泵出口阀（0-1）	0	0	1.10	0.10	
9	M02	缩合反应釜搅拌开关（0-1）	1	1	1.10	0.10	
10	M05	高压冷却水泵开关（0-1）	0	1	1.10	0.10	
11	PS	主蒸气压力（MPa）	0.80	0.80	0.84	0.76	
12	PW	冷却水压力（MPa）	0.31	0.31	0.33	0.29	
13	H-3	缩合釜液位（m）	2.40	2.44	2.52	2.28	
14	P	反应釜压力（MPa）	0.69	0.68	0.72	0.66	
15	T	反应釜温度（℃）	120.00	120.69	126.00	114.00	
16	CD	主产物量（kg）	216.00	215.38	226.80	205.20	
17	CE	副产物浓度（Mol/L）	0.30	0.20	0.31	0.28	
18	T2	夹套冷却水出口温度（℃）	60.00	131.23	63.00	57.00	
19	T3	蛇管冷却水出口温度（℃）	60.00	77.21	63.00	57.00	
20	PJ	当夹套蒸气加热时蒸气压力（MPa）	0.45	0.28	0.47	0.43	
21	IAY1	诱发段超上限积分指标	100.00	144.00	105.00	95.00	
22	IAY2	诱发段超下限积分指标	100.00	0.00	105.00	95.00	
23	IAF1	反应段超上限积分指标	500.00	10000.00	525.00	475.00	
24	IAF2	反应段超下限积分指标	500.00	0.00	525.00	475.00	
25	IAB1	保持段超上限积分指标	500.00	53.00	525.00	475.00	
26	IAB2	保持段超下限积分指标	500.00	59.00	525.00	475.00	

橙色为当前状态超出正常值上限

绿色为当前状态为正常工况

浅粉色为当前状态低于正常值下限（或置空）

就绪 大写 (1205,489) 18:48:27

图 11-36 当前工况状态监测一览表

当前由“快门”采样的工况状态监测一览表中的位号是共同约定的统一位号。建模时事件输入了相同的位号，专家系统自动识别为具体事件，并且自动进行相容性判断。一览表中标明的正常值是设计正常工况值，当前值是设定该“快门”时刻的工况值。一览表的右上角标有采样时间。正常上限和正常下限是正常值±5%的偏差限，是一个大概的范围。超上限为橙色，超下限为粉红色，在上下限之间为绿色。**注意**：这个上下限只说明某变量与正常值有了偏离，不是相容判定所用的偏离“阈值”，偏离“阈值”由用户在事件信息输入对话框中按工业过程实际情况设定。

（3）反应温度记录曲线查询

对应仿真培训软件的连续反应和间歇反应，为了识别全程反应每一时刻的状态，在“快门”中特别加入了从反应温升开始到设定“快门”时刻为止的温度曲线，如图 11-37 所示。单击工具栏的按钮“”（显示反应曲线）时，将显示图 11-37 所示曲线。**注意**：按钮为按下保持状态，必须再次单击该按钮才能退出曲线显示画面。图中绿色的曲线是标准反应温度曲线，红色曲线是学员的反应温度曲线，蓝色曲线是学员的反应压力曲线。用鼠标拖动方法，可以显示一条红色的垂直虚线，对每秒的瞬时温度和压力数据实现扫描寻迹显示。软件以标准反应温度曲线为基础，自动计算 6 种当前“快门”曲线与标准反应曲线的偏差绝对值积分指标。即：

IAY1　反应诱发段温度超上限积分指标，对诱发反应加热过量的定量估计。

IAY2　反应诱发段温度超下限积分指标，对诱发反应加热不足的定量估计。

IAF1　反应段温度超上限积分指标，对反应剧烈段冷却量不足的定量估计。

IAF2　反应段温度超下限积分指标，对反应剧烈段冷却量过大的定量估计。

IAB1　保持段温度超上限积分指标，对反应保温或保持段冷却量不足的定量估计。

IAB2　保持段温度超下限积分指标，对反应保温或保持段冷却量过大的定量估计。

在 HAZOP 评估模型中引用以上 6 种积分指标，可以准确评估反应全过程操作的安全和反应质量水平。在当前工况状态监测一览表中给出了 6 种积分指标值。**注意**：曲线显示和积分指标评估功能仅限于连续反应和间歇反应，其他单元没有此功能。

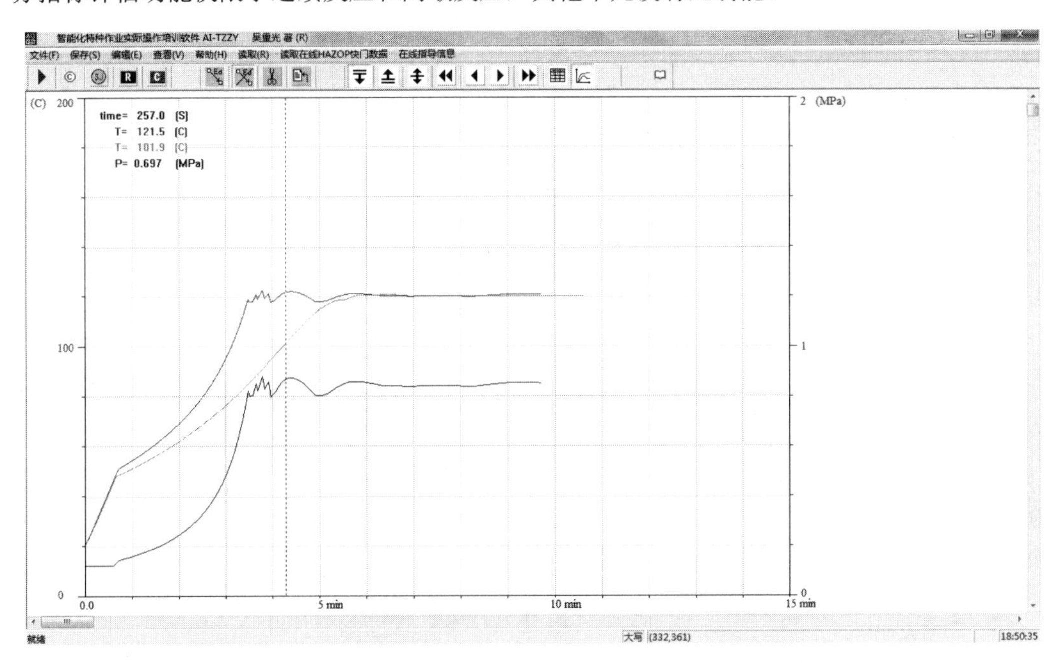

图 11-37　反应温度记录曲线

（4）模型中具体事件超限状态显示

为了方便审查模型的分辨率质量，特意提供了模型具体事件超值限状态显示功能。在完成三种推理的任一种推理后，推理引擎已经实施了模型全部信息的遍历搜索，并且完成了所有事件的相容状态判断和结果报表显示。当返回建模画面时，软件自动将当前推理判断超设计阈值上限的具体事件图元变为“橙色”，超下限变为“蓝色”，或正常状态，即上限和下限之间变为“绿色”，并且标记在所有模型具体事件图元上展示，称为系统模型超限显示功能。当下一次自动推理完成后，超限状态会自动更新。此功能解决了如何简单、直观和形象地进行模型分辨率验证、修改和优化之难题。如图 11-38 所示，在左下方的 2×2 领结形子模型中，立即可以看到只有一个剧情相容，即 61→63→58→59→62 剧情。

一般而言当只有一个危险剧情发生时，在总貌画面中应当只有一个剧情完全相容。未遂事件（near miss）是从原因起始向后果查询，可观察到部分相容的剧情。此种剧情是继续发展可能相容的剧情。当出现与设计意图不一致时，可以方便地依据各事件色标分析检查建模的问题所在，并设法修正。

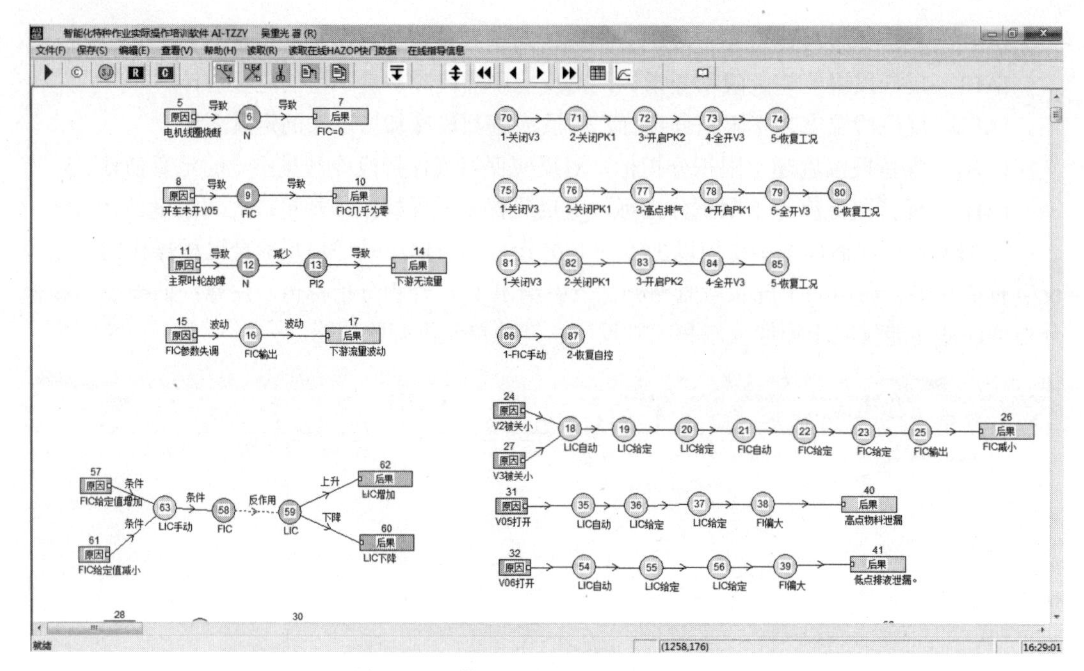

图 11-38 模型相容状态总貌显示功能

建模桌面的剧情图是一种基于事件的因果有向图（CDG），对应剧情的每一种事件有被用户输入的相关信息显示，如图 11-39 所示。图中，原因和后果事件在其下方显示用户输入的“状态”；影响关系（有向线段）显示用户输入的“偏离”；中间事件显示用户输入的“事件位置”，对于具体事件就是过程变量的位号（按所规定的符号显示）。为了简明扼要，用户输入相关信息时注意用精简的文字表达。

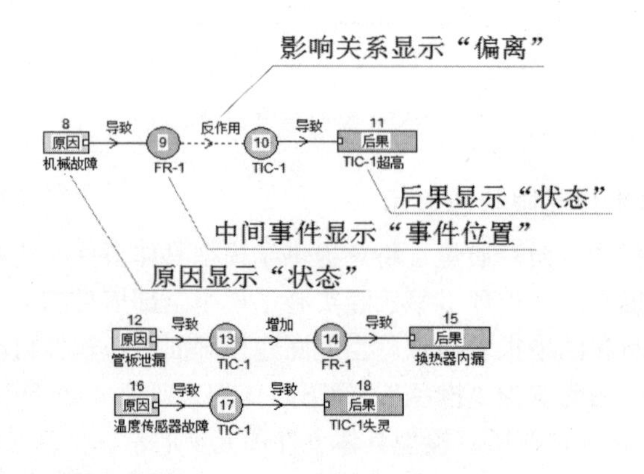

图 11-39 剧情图中不同类型事件的简要信息显示方式

四、AI3 知识图谱建模要点

有了得心应手的图形化专家系统软件平台 AI3 后，解决应用问题最大的工作量花费在知识图谱建模方面，也是应用成功的难点所在。领域专家的建模水平和全身心长期投入是专家系统应用成功的决定因素。未来需要具有实践经验的、熟悉专家系统建模技术和 IT 技术的专家。

实际系统及其变化过程中所有事件都是定量、可观测的理想情况少之又少，知识本体采用非形式化、半定量与定量混合方式建模越来越得到认同。纵观 G2 建模方法的进展，其采用混合方法建模的趋势十分明显，这与 G2 大量工业应用的实践密切相关，也是专家系统能解决问题的关键所在。AI3 允许多种方式混合离散建模。

1. 经验渐进法建模要点

二十多年来我们完成了大量化工、石油化工、炼油、天然气和环保装置的 HAZOP 分析项目，积累了一定的危险剧情建模经验。简述如下。

① 三要素法（三点法 3P）　原因＋重要中间事件＋后果的危险剧情，又称为常见的“如果-怎么办？即 What-if ？”方法。本质上就是第一代专家系统的“IF-THEN”最简单的产生式规则。

• 从常见误操作原因事件开始分析，可能导致什么不利后果事件，并且找出一个明显发生变化的中间事件。

• 从常见的不利后果事件开始分析，可能是什么原因事件导致，并且找出一个明显发生变化的中间事件。

② 三要素加条件法（3P+1 法）　三要素中间补充条件和/或使能事件，包括概念事件（例如，控制器状态、其他操作点状态、工况参数状态、各事件发生概率数据等）。

③ 单串剧情法（人工 HAZOP 双向推理＋5 个为什么法）　基于具体事件的偏离，配合评价团队“头脑风暴”双向推理分析得到单“原因-后果”对偶的事件链，即“危险剧情”或“误操作剧情”。剧情中包含条件与使能事件，包括具体事件和概念事件，是一种直观的显式表达方法。本质上就是第一代专家系统的“IF-AND-AND-AND…-THEN”因果事件链。

④ 对以上三种方法得到的剧情结果实施独立性判定　可以采用图形目视法比较各离散剧情是否各自独立；用事件序列检查表法判断各剧情的独立性；不明确的影响关系如果可行，采用现场调查验证或小偏离测试法验证，或采用高精度仿真方法验证。

⑤ 树杈法（定性事件树 ET、定性故障树 FT）

• 定性事件树法（又称决策树或行为树）：一个原因事件可能带来几个危险后果事件？

• 定性故障树法：一个危险后果事件有几个可能的原因事件？

⑥ 领结法（BT）　同一个失事点涉及多个原因事件，并且导致多个可能的不利后果事件。也就是对以上①②③⑤方法得到的结果，将具有共同失事点事件的剧情合并。

⑦ 链接法　将以上不同的单剧情中直接相关的事件用影响关系链接，构成网络状知识图谱。如图 11-40 所示，图中有 3 个三要素方法得到的离散模型和 2 个定性故障树模型。图中，R 方块为“原因”事件，C 方块为“后果”事件，“圆球”为中间关键事件。然后在 5 个离散型模型中的部分事件间发现有直接影响关系，将它们之间的因果有向影响关系

链接即可。链接后的模型是一个因果网络模型。实施自动推理可以得到所有独立显式危险剧情。

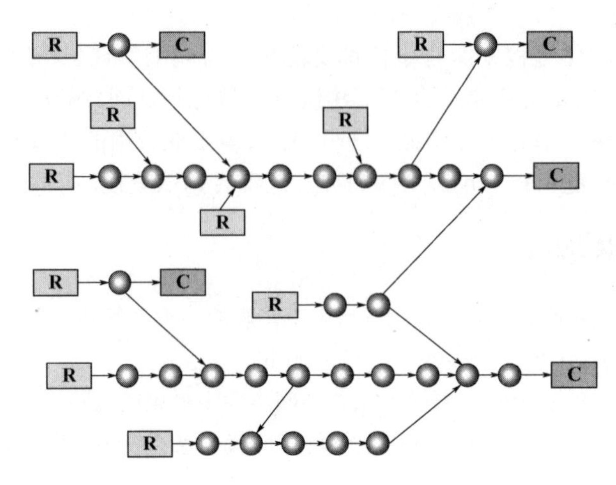

图 11-40　经验模型链接为网络模型示意

2. “与门”串联连接规则

因为凡是“与门”相关的对偶事件都是直接的蕴含逻辑关系，是一种链状串联关系。在因果事件链中不违反时序的前提下，事件链中非时序事件的排序可以使用交换律法则。但引入的概念事件（如条件事件或使能事件）在结构上会把具体事件构成的因果事件对偶分隔开，AI3 可以自动识别此种情况。**注意：**“或门”后分叉的逻辑关系属于独立的两种后果事件，不能串联连接。

经验法建模时必须按照原因在前，条件事件用“与门”在后串联连接构成剧情图。示例如图 11-41。这种处理方式在实际应用中将问题简化，并且易于人工分析。AI3 的推理结果使用“与门”串联方法。第一代专家系统的产生式规则就是串联的“与门”链。

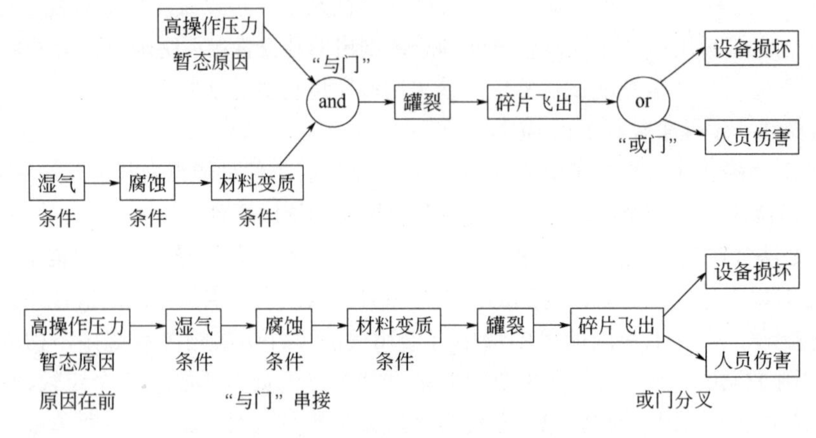

图 11-41　“与门”串联连接规则示例

3. 经验与深度学习相结合的建模要点

步骤一 考虑符号有向图模型（SDG）表达了危险传播的主因，首先构建以具体变量为主干的 SDG 模型。要点和注意事项如下。

① 具体变量既包括可观测的具体事件，也包括不可观测的具体事件，以便保证传播主因事件的完备性。

② 危险传播主因事件是过程系统中与物料流、能量流和信息流三大类流动相关的事件。例如：流量、压力、温度、物位、组成等；影响流动的压差、势能差；影响热流通量的温差；影响转动（动量传递）的力矩差；传感器和控制系统的正/反作用、串级控制、比值控制、分程控制、先进控制、逻辑信号单元等（以便在模型中体现控制规律对信息流的导向作用）；控制信息直接作用于执行机构导致物料流和能量流传播变化；各类操作单元，如阀门、控制阀、开关等涉及操作人员操作行动的部件。

③ 基于 SDG 的模型是一种可观测和不可观测的具体事件模型，省略了大约 70%的概念事件，使得深度学习推理计算量，特别是结果数量大大减少。

④ 建模过程可以利用 AI3 推理引擎反复试验和修正 SDG 模型。

⑤ SDG 建模应按照建模的具体目标选择事件的取舍。例如需要考虑人为操作失误的危险剧情，必须嵌入操作部件。

⑥ SDG 基本原理、建模方法和案例见作者所著相关专业书。

步骤二 通过人工团队“头脑风暴”分析，将实际中确实可能发生的原因与不利后果事件，通过 AI3 软件嵌入 SDG 主干知识图谱模型的对口事件上。这种方法需要实践经验和技巧，实际上是对 SDG 模型施加约束，可以筛选掉大量无效和次要的剧情。

步骤三 如果还有只涉及概念事件的剧情，尽可能离散状补充，因为 AI3 允许离散推理。

步骤四 实施全部模型自动离散推理，获取所有显式危险传播路径，即单原因-单后果对偶构成的单串型危险剧情。如果采用 LOPA 方法，AI3 允许将每一个原因事件都填入发生频率，每一个不利后果都填入危险严重度（参见有关行业的风险矩阵标准），AI3 将自动计算每个显式危险剧情的风险值。

步骤五 通过人工团队“头脑风暴”分析，按照具体应用的需求筛选出高风险、事件序列较长或小概率大危险的剧情。这种筛选除了小概率、大危险的剧情需要人工选定外，其他筛选都可自动完成。然后，准确地将条件和使能事件或事件链嵌入各筛选出的重要显式危险剧情模型中。

步骤六 将步骤五得到的危险剧情通过进一步审查、修正和确认，即完成建模工作。

在危险剧情图谱模型中，通过人工 HAZOP 分析，仔细嵌入条件事件、使能事件、人为失误事件、相关概念事件及半定量、风险概率、时间因素、机理计算数据等信息，不但可以进一步提高剧情分辨率，还可以更完备、更准确、更详细地揭示和描述危险剧情。在基于 SDG 模型推理获得的主干危险剧情中嵌入条件事件和使能事件必须结合实际。原因事件、中间关键事件和后果事件都可能涉及条件事件和/或使能事件，如图 11-42 所示，必须依据实际情况准确嵌入到相关剧情中。AI3软件在具体事件因果对偶中允许任意插入“条件”“使能”“概念事件”，并且自动处理具体事件对偶被一个或数个概念事件分隔后的相容状态。

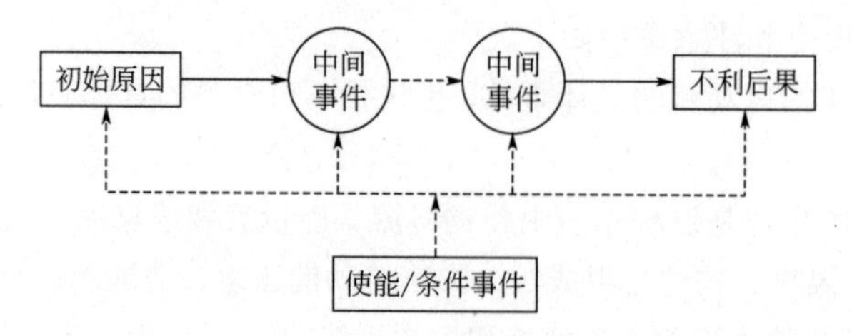

图11-42　条件事件和/或使能事件与危险剧情的关系

附　　录

附录一　事故排除评分要点

注意：事故工况下，若第一安全操作步骤没有执行，则总分为零。

1. 离心泵与储罐液位系统

事故代码	事故名称	事故排除规程要点	分　值
F1	泵入口阀门堵塞	① 关闭泵出口阀门 V3	5 分
		② 开备用入口阀门 V2B	5 分
		③ 液位控制器 LIC 置自动	2 分
		④ 流量控制器 FIC 置自动	2 分
		⑤ 49%＜LIC＜51%	3 分
		⑥ 5.9kg/s＜FIC＜6.1kg/s	3 分
		总分	20 分
F2	主泵电机故障	① 关闭泵出口阀门 V3	5 分
		② 开备用泵 PK2，关主泵 PK1	5 分
		③ 液位控制器 LIC 置自动	2 分
		④ 流量控制器 FIC 置自动	2 分
		⑤ 49%＜LIC＜51%	3 分
		⑥ 5.9kg/s＜FIC＜6.1kg/s	3 分
		总分	20 分
F3	泵气缚故障	① 关闭泵出口阀门 V3	3 分
		② 关主泵 PK1	2 分
		③ 开高点排气阀 V5	5 分
		④ 液位控制器 LIC 置自动	2 分
		⑤ 流量控制器 FIC 置自动	2 分
		⑥ 49%＜LIC＜51%	3 分
		⑦ 5.9kg/s＜FIC＜6.1kg/s	3 分
		总分	20 分
F4	主泵叶轮松脱	① 关闭泵出口阀门 V3	5 分
		② 开备用泵 PK2，关主泵 PK1	5 分
		③ 液位控制器 LIC 置自动	2 分
		④ 流量控制器 FIC 置自动	2 分

续表

事故代码	事故名称	事故排除规程要点	分　值
F4	主泵叶轮松脱	⑤ 49%＜LIC＜51%	3分
		⑥ 5.9kg/s＜FIC＜6.1kg/s	3分
		总分	20分
F5	流量控制器FIC故障	① 控制器FIC置手动	10分
		② 液位控制器LIC置自动	2分
		③ 流量控制器FIC置手动	2分
		④ 49%＜LIC＜51%	3分
		⑤ 5.9kg/s＜FIC＜6.1kg/s	3分
		总分	20分

2. 热交换系统

事故代码	事故名称	事故排除规程要点	分　值
F1	换热效率下降	① 开高点排气阀门V4	10分
		② TIC-1置自动，且31℃＜TIC＜33℃	2分
		③ FIC-1置自动，且8000kg/h＜FIC-1＜9000kg/h	2分
		④ 冷却水量17000kg/h＜FR-1＜19000kg/h	3分
		⑤ 阀门V2、V3、V4、V6、V7关闭，P1B、P2B关闭	3分
		总分	20分
F2	P1A泵故障	① 开备用泵P1B，开出口阀V2	10分
		② TIC-1置自动，且31℃＜TIC＜33℃	2分
		③ FIC-1置自动，且8000kg/h＜FIC-1＜9000kg/h	2分
		④ 冷却水量17000kg/h＜FR-1＜19000kg/h	3分
		⑤ 阀门V1、V3、V4、V6、V7关闭，P1A、P2B关闭	3分
		总分	20分
F3	P2A泵故障	① 开备用泵P1B，开出口阀V2	10分
		② TIC-1置自动，且31℃＜TIC＜33℃	2分
		③ FIC-1置自动，且8000kg/h＜FIC-1＜9000kg/h	2分
		④ 冷却水量17000kg/h＜FR-1＜19000kg/h	3分
		⑤ 阀门V2、V3、V4、V5、V7关闭，P2A、P1B关闭	3分
		总分	20分
F4	冷却器内漏	① 阀门V1和V2关闭	5分
		② 阀门V5和V6关闭	5分
		③ 冷却水流量FR-1下降为0	2分
		④ 热流流量FIC-1下降为0	2分

续表

事故代码	事故名称	事故排除规程要点	分　　值
F4	冷却器内漏	⑤ 壳程低点排液阀 V3 开	3 分
		⑥ 管程低点排液阀 V7 开	3 分
		总分	20 分
F5	温度控制器 TIC-1 故障	① 控制器 TIC-1 置手动	10 分
		② 31℃＜TIC＜33℃	2 分
		③ FIC-1 置自动，且 8000kg/h＜FIC-1＜9000kg/h	2 分
		④ 冷却水量 17000kg/h＜FR-1＜19000kg/h	3 分
		⑤ 阀门 V2、V3、V4、V6、V7 关闭，P1B、P2B 关闭	3 分
		总分	20 分

3. 连续反应系统

事故代码	事故名称	事故排除规程要点	分　　值
F1	催化剂过量	① 调整催化剂进料阀 V6，使催化剂进料量合格	10 分
		② 全部工艺参数达到正常工况质量	10 分
		总分	20 分
F2	丙烯进料增加	① 调整丙烯进料阀 V6，使丙烯进料量合格	10 分
		② 全部工艺参数达到正常工况质量	10 分
		总分	20 分
F3	搅拌暂停	① 开启搅拌 S8	10 分
		② 全部工艺参数达到正常工况质量	10 分
		总分	20 分
F4	夹套冷却水减小	① 开大夹套冷却水阀门 V8	7 分
		② 全部工艺参数达到正常工况质量	10 分
		③ 温度控制器的输出在 50%～60%	3 分
		总分	20 分
F5	超温超压	① 开紧急放空阀 V1	5 分
		② 切断丙烯进料，关阀门 V4	5 分
		③ 切断催化剂进料，关阀门 V6	3 分
		④ 全开夹套冷却水，开 V8 为 100%	4 分
		⑤ 反应温度下降到 25℃以下	3 分
		总分	20 分

4. 间歇反应系统

事故代码	事故名称	事故排除规程要点	分　　值
F1	压力表堵故障	反应全程依据反应温度操作。以达到完成反应操作的质量成绩大于 85 分时计总分，否则为 0 分	20 分
		总分	20 分

续表

事故代码	事故名称	事故排除规程要点	分值
F2	无邻硝基氯苯	① 必须实施加热升温步骤，反应温度应大于45℃	5分
		② 反应温度必须冷却到25℃以下	5分
		③ 完成补料处理，即按动“FBL”	10分
		总分	20分
F3	无二硫化碳	① 必须实施加热升温步骤，反应温度应大于45℃	5分
		② 反应温度必须冷却到25℃以下	5分
		③ 完成补料处理，即按动“FBL”	10分
		总分	20分
F4	超温超压紧急冷却	① 开高压泵强制冷却，即开M5和V25	10分
		② 将反应温度稳定在122℃以下	10分
		总分	20分
F5	超温超压紧急放空	① 迅速采取紧急放空操作，即调整HV-21。必须达到反应温度大于148℃时，釜内压力小于0.85MPa	10分
		② 将反应温度稳定在122℃以下	10分
		总分	20分

5. 加热炉系统

事故代码	事故名称	事故排除规程要点	分值
F1	进料量减小	① TRC-01置手动，关小输出	5分
		② 调整TRC-01输出，使298℃<TRC-01<302℃	7分
		③ TRC-01置自动	3分
		④ 调整挡板DO-01，使烟气含氧量在1%～3%	5分
		总分	20分
F2	燃料气减小	① TRC-01置手动，开大输出	5分
		② 调整TRC-01输出，使298℃<TRC-01<302℃	7分
		③ TRC-01置自动	3分
		④ 调整挡板DO-01，使烟气含氧量在1%～3%	5分
		总分	20分
F3	进料阻断	① 关闭燃气紧急切断阀HV-02	5分
		② 关挡板保温	2分
		③ 关闭进料紧急切断阀HV-01	3分
		④ 关1号主燃烧器燃气前阀和后阀V4、V5，关1号副燃烧器燃气前阀和后阀V6、V7	5分
		⑤ 关2号主燃烧器燃气前阀和后阀V9、V10，关2号副燃烧器燃气前阀和后阀V11、V12	5分
		总分	20分

续表

事故代码	事故名称	事故排除规程要点	分　值
F4	燃气阻断	① 关闭燃气紧急切断阀 HV-02	3 分
		② 关挡板保温	2 分
		③ 维持进料	8 分
		④ 关 1 号主燃烧器燃气前阀和后阀 V4、V5；关 1 号副燃烧器燃气前阀和后阀 V6、V7	3.5 分
		⑤ 关 2 号主燃烧器燃气前阀和后阀 V9、V10，关 2 号副燃烧器燃气前阀和后阀 V11、V12	3.5 分
		总分	20 分
F5	不完全燃烧	① 缓慢开大挡板 DO-01	5 分
		② 调整 TRC-01，置自动	3.5 分
		③ 298℃＜TRC-01＜302℃	3.5 分
		④ 1.0%＜AI-01＜3.0%	8 分
		总分	20 分

6. 精馏系统（控制系统投用和调整不要求）

事故代码	事故名称	事故排除规程要点	分　值
F1	停冷却水	① 关闭进料阀门 V1	5 分
		② 停再沸器加热蒸气 V3 和 V4，关 V23	5 分
		③ FIC-1、FIC-2、FIC-3 置手动，输出为 0	2 分
		④ LIC-1、LIC-2 置手动，输出为 0	2 分
		⑤ 关闭 G5A、V12、V13	2 分
		⑥ 关闭 G6A、V16、V17	2 分
		⑦ 开 HV-24 排液	1 分
		⑧ 开 HV-25 排液	1 分
		总分	20 分
F2	停加热蒸气	① 关闭进料阀门 V1	5 分
		② 停再沸器加热蒸气 V3 和 V4，关 V23	5 分
		③ FIC-1、FIC-2、FIC-3 置手动，输出为 0	2 分
		④ LIC-1、LIC-2 置手动，输出为 0	2 分
		⑤ 关闭 G5A、V12、V13	2 分
		⑥ 关闭 G6A、V16、V17	2 分
		⑦ 开 HV-24 排液	1 分
		⑧ 开 HV-25 排液	1 分
		总分	20 分

续表

事故代码	事故名称	事故排除规程要点	分 值
F3	无进料	① 关闭进料阀门 V1	5 分
		② 退化到全回流，即维持回流量 FIC-2＞300kmol/h	10 分
		③ LIC-1 和 LIC-2 置手动，输出为 0	5 分
		总分	20 分
F4	停动力电	① 关闭进料阀门 V1	5 分
		② 停再沸器加热蒸气 V3 和 V4，关 V23	5 分
		③ FIC-1、FIC-2、FIC-3 置手动，输出为 0	2 分
		④ LIC-1、LIC-2 置手动，输出为 0	2 分
		⑤ 关闭 G5A、V12、V13	2 分
		⑥ 关闭 G6A、V16、V17	2 分
		⑦ 开 HV-24 排液	1 分
		⑧ 开 HV-25 排液	1 分
		总分	20 分
F5	灵敏板温度偏高	① 控制器 FIC-3 置手动	5 分
		② 调整塔釜加热量 FIC-3，使全部工艺参数达到正常工况质量	15 分
		总分	20 分

7. 透平与往复压缩系统

事故代码	事故名称	事故排除规程要点	分 值
F1	润滑油温上升	① 关闭阀门 V22	5 分
		② 以完全达到压缩系统正常工况评价	15 分
		总分	20 分
F2	润滑油压力大幅下降	① 打闸 TZA，紧急停车	10 分
		② 关闭排气和吸气隔离阀 V20 和 V15	5 分
		③ 透平机转速下降到 200r/min 以下	5 分
		总分	20 分
F3	一号轴瓦超温	① 打闸 TZA，紧急停车	10 分
		② 关闭排气和吸气隔离阀 V20 和 V15	5 分
		③ 透平机转速下降到 200r/min 以下	5 分
		总分	20 分
F4	压缩机外部管线泄漏	① 打闸 TZA，紧急停车	10 分
		② 关闭排气和吸气隔离阀 V20 和 V15	5 分
		③ 透平机转速下降到 200r/min 以下	5 分
		总分	20 分
F5	透平机转速偏高	① 及时调整 RIC 使转速恢复正常	10 分
		② 以完全达到压缩系统正常工况评价	10 分
		总分	20 分

附录二　冷态开车要点

1. 离心泵及储罐液位系统的开车要点

步骤 1：检查并确认液位控制器 LIC 置自动，给定值为 50%。

步骤 2：关闭离心泵低点排液阀 V6。

步骤 3：全开离心泵入口阀 V2 至 100%。

步骤 4：开离心泵高点排气阀 V5，直到出现蓝色色点，表示排气完成，关闭 V5。

步骤 5：在确认离心泵出口阀关闭的前提下，开启离心泵电机开关 PK1。

步骤 6：全开离心泵出口阀 V3 至 100%。

步骤 7：导出离心泵出口流量控制器 FIC，手动模式下缓慢调整流量稳定在 6.00kg/s，控制器输出约为 52.5%，投自动。

2. 热交换系统的开车要点

步骤 1：开冷却水泵 P2A 电机开关。

步骤 2：开冷却水泵 P2A 出口阀 V5。

步骤 3：确认热流出口温度控制器 TIC-1 置手动，逐步手动开大控制器输出约 70%。

步骤 4：开热流泵 P1A 电机开关。

步骤 5：开热流泵出口阀 V1。

步骤 6：确认热流流量控制器 FIC-1 置手动，逐渐开大其输出为 20%～30%。

步骤 7：开换热器高点排气阀 V4，直至出现蓝色小方块，排气完成，关 V4。

步骤 8：手动开大 FIC-1 输出，直到热流流量大于 8100kg/h（不超过 8900kg/h）投自动。

步骤 9：手动小量调整 TIC-1 输出，使热流出口温度稳定在 32℃左右，投自动。

3. 连续反应系统的操作要点

步骤 1：检查所有阀门处于关闭状态。反应器液位 LIC-4 达到 80%，且已经投自动。

步骤 2：开己烷进料阀 V5 约 60%，使己烷进料流量 FR -5 达到约 1500kg/h 左右。

步骤 3：开丙烯进料阀 V4 约 60%，使丙烯进料流量 FR -4 达到约 780kg/h。

步骤 4：开反应器搅拌电机开关 S08，使反应物系处于全混状态。

步骤 5：全开低压蒸气加热阀 V10，阀门开度 100%，诱发反应。

步骤 6：开催化剂进料阀 V6 约 60%，使催化剂进料流量 FR-6 达到约 95kg/h。

步骤 7：当反应温度 TIC-1 达到 40～45℃时，全关加热阀 V10。观察反应诱发成功，反应速度会不断加快。

步骤 8：当反应温度 TIC-1 达到约 50℃时，应逐渐打开 V8 阀调整冷却水量，使 TIC-1 按 0.2～0.3℃/s 之速率上升。

步骤 9：当反应温度 TIC-1 达到约 65℃时，维持 V8 开度不变，改用 TIC-1 的控制阀 V7 手动控温，逐渐开大输出。

步骤 10：当反应温度 TIC-1 达到 70℃时，微调控制器输出保持温度稳定不变。将 TIC-1

投自动。

4. 间歇反应系统的开车要点

步骤 1：确认放空阀 HV-21，进料阀 V15、V16 和出料阀 V20 都关闭。

步骤 2：确认反应釜搅拌电机 M02 开启。

步骤 3：适度打开蒸汽加热阀 HV-17，观察反应温度逐渐上升。当温度上升至 45℃左右时，应停止加热，关闭 HV-17。反应被诱发，并不断加快反应速度。

步骤 4：当反应温度上升至 65℃左右时，间断小量开启和关闭 HV-18 或 HV-19，控制温度上升速率不超过 0.3～0.4℃/s，预防超压。

步骤 5：反应在 95～110℃进入剧烈难控阶段。学员应集中精力加强对 HV-18 和 HV-19 的调节。这一阶段既要大胆升温（压制副反应），又要谨防超压。

步骤 6：应使反应温度维持在 121℃，压力维持在 0.69MPa 左右。压力超过 0.8MPa（反应温度超过 128℃），将会报警。

步骤 7：如果釜温上升过快，已将 HV-18 和 HV-19 开到最大，仍压制不住釜温上升，可迅速打开高压水阀门 V25 及泵开关 M05，强制冷却。

步骤 8：如果开高压水泵仍无法压制反应，当反应温度超过 130℃时，应立刻关闭搅拌电机 M02。当釜温下降时，关闭 V25 及 M05，同时开启搅拌 M02。

步骤 9：如果操作不按规程进行，若前期加热过猛，冷却滞后，反应可能失控。当压力超过 1.20MPa 时，已属危险状态，应间歇开与关放空阀 HV-21，泄放釜压。

步骤 10：如果以上三种应急措施均不见效，且反应器压力超过 1.60MPa，将被认定为反应器爆炸事故。

步骤 11：反应历经剧烈阶段后，温度会下降。逐步关闭 HV-18 和 HV-19，使反应温度保持在 120℃左右。若温度仍然下降，适当打开 HV-17，使反应温度保持在 120℃。

5. 加热炉系统的开车要点

步骤 1：全开烟气挡板 DO-01 开度为 100%。

步骤 2：开炉膛吹扫蒸气阀 V8，烟气含氧量 AI-01 低于 12%为吹扫合格，关 V8。将挡板 DO-01 调整为 50%左右。

步骤 3：全开燃料气紧急切断阀 HV-02，开度为 100%。

步骤 4：开火炬排放阀 V1，主副燃烧器供气管路排放阀 V2、V3。排放合格，关 V1、V2 和 V3。

步骤 5：全开煤油切断阀 HV-01，开度为 100%。

步骤 6：确认煤油流量控制器置手动，开大输出使煤油流量 FRC-01 达 10 t/h 左右。

步骤 7：开 1 号点火开关 IG1，等待片刻后，开 1 号副燃烧器前后阀 V6 和 V7，观察点火成功后开 1 号主燃烧器前后阀 V4 和 V5。关 IG1。

步骤 8：开 2 号点火开关 IG2，等待片刻后，开 2 号副燃烧器前后阀 V11 和 V12，观察点火成功后开 2 号主燃烧器前后阀 V9 和 V10。关 IG2。

步骤 9：确认 FRC-01 置手动，逐渐开大煤油流量负荷，同时手动加大 TRC-01 输出，煤油流量达到 30 t/h 左右 FRC-01 投自动。

步骤 10：确认 TRC-01 置手动，配合 FRC-01 的增加开大 TRC-01 输出，直到 FRC-01 达到 30t/h，且 TRC-01 稳定在 300℃左右投自动。

步骤 11：调整挡板 DO-01 使 AI-01 稳定在 2%左右。其他参数合格标准详见评分画面。

6. 精馏系统的开车要点

步骤 1：关闭进料前阀 V1，完成开车前安全检查。

步骤 2：完成氮气置换、公用工程具备和仪表投用，即开 N2、GY 和 YB。

步骤 3：开 V1。确认进料量控制 FIC-1 置手动，开大输出约 30%（随时关注塔釜液位，随时调整进料量）。

步骤 4：开再沸器加热蒸气入口阀 V3 和出口阀 V4。

步骤 5：确认塔釜加热蒸气控制 FIC-3 置手动，开大输出约 40%，关注塔釜温度 TI-4 上升。

步骤 6：开全凝器冷却水出口阀 V23，确认 PRC-2 置手动，开大输出约 50%。

步骤 7：开回流泵 GA-405 入口阀 V13，泵电机开关 G5A 和出口阀 V12。

步骤 8：观察回流罐液位达到 10%以上，确认回流量控制 FIC-2 置手动，开大输出使回流量达到 320kmol/h 左右。

步骤 9：开塔顶采出泵 GA-406 入口阀 V16，泵电机开关 G6A 和出口阀 V17。关注全塔状态，及时调大进料量（FIC-1）和加热量（FIC-3）。

步骤 10：当回流罐液位达到 50%时，及时将 LIC-2 投自动。

步骤 11：当塔釜液位达到 50%时，及时将 LIC-1 投自动。

步骤 12：调整 FIC-3 使灵敏板温度 TIC-3 达到 78℃。详见评分记录，调整相关参数达标后，将 FIC-1、FIC-2、PRC-2 和 FIC-3 投自动。

7. 透平与往复压缩系统的开车要点

步骤 1：开喷射泵蒸汽主阀 V1，开排凝阀 V2，待蓝色色块消失，关 V2。

步骤 2：开复水系统抽真空，即开 V3、V4、V5、V6 和 P01。

步骤 3：压缩排气管线排凝，即全开 V19、V20、和 V21，待蓝色色块消失，关 V21。

步骤 4：压缩吸气管线排凝，即全开 V16、V15、和 V13，待蓝色色块消失，关 V13。

步骤 5：开润滑油系统，即开 P02、V23 和 V22，V22 开度置 50%，观察油压和油温正常，随时观察所有回油视窗回油正常。

步骤 6：开盘车开关 PAN，观察机械传动系统正常，关 PAN。

步骤 7：检查 V17 和 V18 关闭，开吸入分支阀 V14，开透平机乏汽出口阀 V12，开超速保护跳闸栓 TZA。

步骤 8：开蒸汽密封阀 V7 约 50%，开密封蒸汽疏水阀 V8 约 20%。

步骤 9：开主蒸汽阀 V9，排凝阀 V10，待蓝色色块消失，关 V10。

步骤 10：开透平机蒸汽入口阀 V11，开度约 90%，调整透平机转速，即开 RIC 约 63%，控制转速为3500r/min左右。

步骤11：逐渐对称关闭L1、L2、L3和L4，观察透平机功率N上升，打气量FR上升，排气压力PR-6上升。

步骤12：微调排气总阀V19，开度约92%，使打气量FR为600m^3（标准状况)/h。

附录三　思考题

一、离心泵与储罐液位系统思考题

1．离心泵的主要构件有哪些？各起什么作用？

2．离心泵的叶轮主要有几种？简述其优缺点和适用范围。

3．解释什么是离心泵的流量、扬程、功率和效率。

4．常用离心泵的特性曲线有几种？曲线有何特点？

5．同一型号相同工厂制造的离心泵特性曲线完全一样吗？

6．如何在仿真系统上测试离心泵特性曲线？

7.离心泵的汽蚀现象如何形成？对离心泵有何损害？如何避免？试分析本离心泵形成汽蚀的条件。

8．何为离心泵气缚现象？如何克服？

9．为什么离心泵开车前必须充液、排气？否则会出现什么后果？

10．为什么离心泵开动和停止时都要在出口阀关闭的条件下进行？

11．离心泵运行时可能有哪些常见故障？如何排除？

12．离心泵运行时出口压力下降，可能是什么原因？

13．离心泵运行时进口真空度下降，可能是什么原因？

14．离心泵运行时轴承温度过高（>75℃），可能是什么原因？

15．离心泵的出口流量主要有几种控制方法？

16．多级离心泵有何特点？适用于什么场合？

二、热交换系统思考题

1．简述列管式热交换器由哪些部件组成。

2．什么是管程？什么是壳程？

3．壳程的折流板起何作用？列举出两种折流板形式。

4．多程热交换器的结构有何特点？对传热有何效果？

5．当外壳和列管的温差较大时，常用哪几种方法对热交换器进行热补偿？

6．对于热交换器而言，影响传热速率的因素有哪些？

7．简述热交换器流体流道选择的一般原则。

8．热交换器开车前为什么必须进行高点排气？

9．热交换器停车后为什么必须进行低点管程、壳程排液？

10．本热交换器运行时发生内漏如何判断？

11．列举两种热交换器温度控制方案，并说明控制原理。

12．热交换器操作管理有哪些注意事项？有哪些清洗方法？

三、连续反应系统思考题

1．简述双釜串联丙烯聚合反应部分的工艺流程。

2．试述丙烯溶剂淤浆聚合工艺的原理和特点。

3．丙烯聚合常用何种溶剂？在丙烯聚合中起何作用？

4．催化剂在丙烯聚合反应中起什么作用？丙烯聚合采用何种催化剂？

5．丙烯聚合反应进行得快慢和哪些因素有关？

6．聚丙烯熔融指数与分子量有什么关系？如何控制？

7．本丙烯聚合过程有哪些操作点及控制回路？各起什么作用？

8．开车达正常工况时两釜的温度、压力及组成应当保持在何值？

9．本丙烯聚合过程为什么首釜比第二釜反应剧烈？

10．首釜采用气相循环冷却的作用原理是什么？和夹套水冷有何不同？如何调整冷却量？

11．第二釜为什么用釜内浆液外循环冷却？

12．丙烯聚合反应的关键问题是什么？如何解决？

13．冷态开车时如何控制夹套热水加热？为什么加热不能过量？

14．反应过程中如果停止搅拌会出现什么情况？

15．丙烯聚合过程常见故障有哪些？如何排除？

16．丙烯聚合为什么常用多釜串联工艺？

17．试述釜式聚合反应器的结构。列举几种搅拌方式。

18．聚合反应为什么常用低转化率工艺？未反应的丙烯如何处理？反应后溶剂如何处理？

19．何为聚合反应的暴聚？如何避免？

20．影响本聚合反应产品质量的主要因素有哪些？如何控制？

21．简述连续反应和间歇反应的区别。

22．为了提高控制水平，本丙烯聚合过程可以采用哪些先进控制方案？

四、间歇反应系统思考题

1．简述橡胶硫化促进剂间歇反应过程的工艺流程。

2．本间歇反应历经了几个阶段？每个阶段有何特点？

3．本间歇反应釜有哪些部件？有哪些操作点？在反应过程中各起什么作用？

4．为什么反应剧烈阶段初期夹套与蛇管冷却水量不得过大？是否和基本原理相矛盾？

5．什么是主反应？什么是副反应？主、副反应的竞争会导致什么结果？

6．本间歇反应的主、副反应各有何特点？

7．本间歇反应如何操作能减少副产物的生成？

8．反应一旦超压，有几种紧急处理措施？如何掌握分寸？

9．本反应超压的原因是什么？为什么超压放空不得长时间进行？

10．反应剧烈阶段停搅拌为什么能减缓反应速率？

11．如何判断反应达到终点？什么情况会出现假终点？

12．为什么反应达到终点后还要进行 2h 的保温？

13．如果压力表堵，而此时反应已升压，应如何处理？

14．为什么前期加热升温过量会导致反应后期剧烈程度增强且难于控制？

15．简述保温阶段完成后出料的操作步骤。

16．本反应缺少二硫化碳会有什么现象？为什么？

17．本反应缺少邻硝基氯苯会有什么现象？为什么？

18．本反应失控爆炸为什么威力巨大？

19．如果从反应开始就忘记关放空阀会导致什么后果？

20．根据你的训练经验，试总结间歇反应的最佳操作法。

21．试设计本间歇反应的自动控制系统。

五、加热炉系统思考题

1．长期停炉后开车为什么要对燃料气系统进行检漏？如何检漏？

2．开车前为什么要吹扫炉膛？如何吹扫？

3．点火前为什么要对燃料气管线进行排放操作？

4．点火时为什么先点副燃烧器？副燃烧器有何作用？

5．自然通风式加热炉空气量（风量）和哪些操作条件有关？

6．为什么不得在炉管中没有流动物料时点火升温？

7．为什么升温过程必须缓慢进行？

8．排烟温度过高是什么原因？有何不利？如何克服？

9. 排烟气体中的氧含量应在什么范围？烟气中的氧含量过高和过低是什么原因？有何现象？如何克服？

10．何为二次爆炸？如何引起？如何避免？

11．本加热炉开车时为什么在加热量增加速率相同的情况下，开始一段时间升温较慢，超过 260℃后升温速度明显加快？

12．开车时手动操作燃料气量控制炉出口温度存在有较大的滞后现象，对于这种特性，操作要领是什么？

13．开车时可能发生虽然燃料气开得很大，但炉出口温度不再上升，甚至下降的现象，是何原因？

14．开车正常后炉膛为什么必须保持负压？负压的大小与哪些因素有关？

15．何为二次燃烧？如何引起？如何避免？

16．采用等百分比特性的控制阀（调节阀）控制炉出口温度，阀门开度和燃料气流量呈什么关系？

17．烟气挡板的开度和风量有何种非线性特性？

18．停车为什么也要缓慢降温？

19．停车时当燃烧器全部关闭后，为什么炉管中还应保持一定的流量？

20．停车后为什么一定要确认燃料气紧急切断阀是否全关？

21．停车时关小挡板的目的是什么？

22．加热炉最危险的状态是什么？如何引起？如何处理？

23．加热炉冒黑烟是何原因？如何排除？

24．如果炉出口温度控制器失灵，你的第一反应是什么？

25．试描绘炉区燃料气管道的空间分布示意图。

26．自然通风的加热炉主要由哪几部分组成？各起什么作用？

27．烟筒长度不同对通风有何影响？

28．对流段为什么常用翅片管或钉头管，而不用一般列管式换热器？

29．炉管为什么在炉中和炉出口一段距离内均采用挠性支承？

30．加热炉衬里常用什么材料？衬里后为什么必须进行烘炉？简述小型加热炉的烘炉方法和烘炉曲线。

31．燃料气管网如何正确设置排气、排液阀门？

32．如何减少被加热物料在炉管中的阻力降？

33．主燃烧器供气控制阀（调节阀）有何特殊结构？

34．副燃烧器供气回路为什么用压力自力式调节方案？

35．加热炉温度单回路常规控制方案有什么缺点？试提出两种复杂调节方案。

36．控制器置手动时为什么给定值（*SP*）必须跟踪测量值（*PV*）？

37．控制器比例放大系数（*P*）增大，对调节作用产生什么影响？

38．控制器积分时间（*I*）减小，对调节作用产生什么影响？

39．控制器微分时间（*D*）增大，对调节作用产生什么影响？

40．控制器比例放大系数（*P*）和被调参数动态变化的时间常数有什么相关规律？

41．为什么控制器在线工作必须整定 PID 参数？

42．画出物料管路节流装置取压管线的完整示意图。

43．如何求取混合燃料气的燃烧热？

44．列出计算烟气中氧含量的常用公式。

45．对流段传热量的大小和哪些因素有关？

46．辐射传热量用什么方法求取？

47．作出加热炉的总体热量平衡简图。

48．给出加热炉热效率的原理型公式。

49．试总结影响加热炉热效率的设备和操作因素主要有哪些？

50．按照工程计算方法，在加热炉仿真器上测量一组数据，用教师给出的方法计算该操作状态下的加热炉热效率。

六、精馏系统思考题

1．简述本精馏塔的主要设备部件。

2．简述板式塔和填料塔的特点及用途。举出几种板式塔的塔板类型。

3．写出本精馏塔正常工况的工艺条件。

4．精馏塔开车前必须做好哪些准备工作？

5．试说明精馏塔冷态开车的一般步骤。

6．本精馏塔进料前用 C_4 将塔升压有何作用？

7．本精馏塔开车时如何判断塔釜物料开始沸腾？随着全塔分离度提高，塔釜沸点会如何变化？

8．回流比如何计算？什么是全回流？说明全回流在开车中的作用。

9．为什么回流罐液位低于10%不得开始全回流？

10．回流量过大会导致什么现象？

11．什么是灵敏板？该板的温度有何特点？

12．为什么本塔开车时灵敏板温度从70℃左右上升至78℃必须缓慢提升？如何提升既准确又方便？

13．为什么本塔开车时进料负荷必须缓慢提升？进料负荷提升对全塔有何影响？如何调整？

14．本塔塔顶采出合格标准是什么？影响塔顶采出合格标准的主要因素是什么？

15．本塔塔釜采出合格标准是什么？影响塔釜采出合格标准的主要因素是什么？

16．如果塔顶馏出物不合格且回流罐液位超高，应如何处理？

17．如果塔釜馏出物不合格且塔釜液位超高，应如何处理？

18．如果塔釜加热量超高会导致什么现象？

19．为什么本塔可用千摩尔流量表述全塔物料动态平衡？本塔物料平衡如何控制？

20．监测塔压差对了解全塔工况有何重要意义？

21．什么是淹塔现象？如何形成？如何克服？

22．什么是液泛现象？如何形成？如何克服？

23．什么是雾沫夹带现象？如何形成？如何克服？

24．千摩尔/小时（kmol/h）流量单位如何换算成千克/小时（kg/h）流量单位？

25．简要说明本塔灵敏板温度控制与塔釜加热量串级控制的原理。

26．什么是超驰（取代）控制？解释本塔压力超驰控制的原理。

27．精馏塔塔顶、塔底液位控制的稳定性有何重要意义？应该注意什么？

28．如何达到精馏塔运行的优化操作和节能？

七、透平及往复压缩系统思考题

1．简述化工炼油企业采用蒸汽透平作动力源的重要意义。

2．蒸汽透平由哪些主要部件和附属设备组成？

3．蒸汽透平用什么方法调速？

4．蒸汽透平的复水系统在提高热机效率中的作用是什么？

5．蒸汽透平的迷宫式蒸汽密封原理是什么？

6．简述蒸汽透平轴瓦的结构及对润滑油系统的要求。

7．蒸汽透平开车前为什么必须对高压蒸汽管路进行排冷凝水操作？

8．复水系统的冷凝器（E1）结构有何特点？为什么必须及时将冷凝水排走？

9．试述蒸汽喷射泵抽真空的原理及在复水系统中的作用。

10．说明蒸汽透平的跳闸栓对往复压缩机的保护作用。

11. 简述透平及往复压缩机油路系统的结构和各设备部件的作用。
12. 往复压缩机为什么需用齿轮减速箱和飞轮机构?
13. 往复压缩机是怎样压缩气体的?
14. 简述往复压缩机的主要部件及结构。
15. 试述往复压缩机的曲轴、连杆、十字头和活塞的动作原理。
16. 往复压缩机负荷余隙阀（L1、L2、L3 及 L4）的作用原理是什么?
17. 为什么往复压缩机的吸入和排气管上均设置了油水排放阀门?
18. 机组开车前为什么必须先将油路运行正常?
19. 机组开车前为什么必须进行盘车试验?
20. 为什么往复压缩机排气温度较高?
21. 影响压缩机排气量的因素主要有哪些? 如何计算排气量?
22. 往复压缩机气阀有何特殊结构? 技术要求是什么?
23. 往复压缩机在运行过程中，应巡回检查及操作哪些内容?
24. 往复压缩机在运行过程中的常见故障有哪些? 如何排除?

附录四　TZZY 典型操作单元位号序列表

离心泵与储罐液位系统

序号	位号	变量名称（计量单位）	正常值	当前值
1	LIC	储罐液位控制（%）	50.00	49.95
2	LIC-A	储罐液位控制（%）投自动=1	1	1
3	LIC-M	储罐液位控制（%）投手动=1	0	0
4	LIC-C	储罐液位控制（%）投串级=1	0	0
5	LIC-sp	储罐液位控制（%）给定值	50.00	50.00
6	LIC-mv	储罐液位控制（%）输出值%	49.46	49.66
7	FIC	离心泵出口流量控制（kg/s）	6.00	6.00
8	FIC-A	离心泵出口流量控制（kg/s）投自动=1	1	1
9	FIC-M	离心泵出口流量控制（kg/s）投手动=1	0	0
10	FIC-C	离心泵出口流量控制（kg/s）投串级=1	0	0
11	FIC-sp	离心泵出口流量控制（kg/s）给定值	6.00	6.00
12	FIC-mv	离心泵出口流量控制（kg/s）输出值%	52.43	52.43
13	V2	离心泵入口阀（0～100%）	100.00	100.00
14	V3	离心泵出口阀（0～100%）	100.00	100.00
15	V2B	离心泵入口备用阀（0～100%）	0.00	0.00
16	PK1	离心泵电机开关（0-1）	1	0
17	PK2	备用离心泵电机开关（0-1）	0	1
18	V05	离心泵高点排气阀（0-1）	0	0
19	V06	离心泵低点排液阀（0-1）	0	0

续表

序号	位号	变量名称（计量单位）	正常值	当前值
20	FI	储罐入口流量（kg/s）	6.00	6.02
21	LIC-Z	储罐液位（0～100%）	50.00	49.95
22	PI1	离心泵入口压力（MPa）	0.08	0.08
23	PI2	离心泵出口压力（MPa）	0.37	0.37
24	N	离心泵电机功率（kW）	2.76	2.76
25	FIC-Z	离心泵出口流量（kg/s）	6.00	6.00
26	H	离心泵扬程（m）	29.40	29.40
27	M	离心泵效率（%）	62.56	62.56

热交换系统

序号	位号	变量名称（计量单位）	正常值	当前值
1	TIC-1	壳程热流出口温度控制（℃）	32.00	33.63
2	TIC-1-A	壳程热流出口温度控制（℃）投自动=1	1	1
3	TIC-1-M	壳程热流出口温度控制（℃）投手动=1	0	0
4	TIC-1-C	壳程热流出口温度控制（℃）投串级=1	0	0
5	TIC-1-sp	壳程热流出口温度控制（℃）给定值	32.00	31.97
6	TIC-1-mv	壳程热流出口温度控制（℃）输出值%	71.90	75.42
7	FIC-1	热流磷酸钾溶液流量控制（kg/h）	8750.00	8749.05
8	FIC-1-A	热流磷酸钾溶液流量控制（kg/h）投自动=1	1	1
9	FIC-1-M	热流磷酸钾溶液流量控制（kg/h）投手动=1	0	0
10	FIC-1-C	热流磷酸钾溶液流量控制（kg/h）投串级=1	0	0
11	FIC-1-sp	热流磷酸钾溶液流量控制（kg/h）给定值	8750.00	8749.06
12	FIC-1-mv	热流磷酸钾溶液流量控制（kg/h）输出值%	58.30	58.33
13	P2A	冷却水泵 P2A 电机开关（0-1）	1	1
14	P2B	冷却水备用泵 P2B 电机开关（0-1）	0	0
15	V05	冷却水泵 P2A 出口阀（0-1）	1	1
16	V06	冷却水备用泵 P2B 出口阀（0-1）	0	0
17	V07	换热器管程低点排液阀（0-1）	0	0
18	V01	热流泵 P1A 出口阀（0-1）	1	1
19	V02	热流备用泵 P1B 出口阀（0-1）	0	0
20	V03	换热器壳程低点排液阀（0-1）	0	0
21	P1A	热流泵 P1A 电机开关（0-1）	1	1
22	P1B	热流备用泵 P1B 电机开关（0-1）	0	0
23	V04	换热器壳程高点排气阀（0-1）	0	0
24	TIC-1-Z	壳程热流出口温度（℃）	32.00	33.63
25	FIC-1-Z	热流磷酸钾溶液流量（kg/h）	8750.00	8749.00
26	TI-1	换热器壳程热流入口温度（℃）	65.00	65.00
27	TI-2	换热器管程冷流入口温度（℃）	20.00	20.00
28	TI-3	换热器管程冷流出口温度（℃）	30.70	30.93
29	FR-1	冷却水流量（kg/h）	17980.00	18488.39

连续反应系统

序号	位号	变量名称（计量单位）	正常值	当前值	正常上限
1	TIC-1	反应温度控制（℃）	70.00	77.24	73.50
2	TIC-1-A	反应温度控制（℃）投自动=1	1	1	1.10
3	TIC-1-M	反应温度控制（℃）投手动=1	0	0	1.10
4	TIC-1-C	反应温度控制（℃）投串级=1	0	0	1.10
5	TIC-1-sp	反应温度控制（℃）给定值	70.00	69.83	73.50
6	TIC-1-mv	反应温度控制（℃）输出值%	56.50	100.00	61.50
7	LIC-4	反应器料位控制（%）	80.00	80.00	84.00
8	LIC-4-A	反应器料位控制（%）投自动=1	1	1	1.10
9	LIC-4-M	反应器料位控制（%）投手动=1	0	0	1.10
10	LIC-4-C	反应器料位控制（%）投串级=1	0	0	1.10
11	LIC-4-sp	反应器料位控制（%）给定值	80.00	80.00	84.00
12	LIC-4-mv	反应器料位控制（%）输出值%	64.40	64.42	69.40
13	V-4	丙烯进料阀（0～100%）	60.00	0.00	65.00
14	V-5	己烷进料阀（0～100%）	60.00	0.00	65.00
15	V-6	催化剂进料阀（0～100%）	60.00	0.00	65.00
16	V-8	夹套冷却水阀（0～100%）	50.00	0.00	55.00
17	V-10	低压蒸气加热阀（0～100%）	0.00	0.00	5.00
18	S08	反应器搅拌电机开关（0-1）	1	1	1.10
19	V01	紧急排空阀（0-1）	0	0	1.10
20	FR-4	丙烯进料流量（kg/h）	783.22	783.22	822.38
21	FR-5	己烷进料流量（kg/h）	1504.90	1504.90	1580.14
22	FR-6	催化剂进料流量（kg/h）	96.82	96.82	101.66
23	FI-7	蛇管冷却水流量（t/h）	21.94	38.74	23.04
24	FI-8	夹套冷却水流量（t/h）	21.47	8.65	22.54
25	FI-9	反应器出口流量（kg/h）	2384.94	2384.92	2504.19
26	TIC-1-Z	反应温度指示（℃）	69.83	77.24	73.32
27	PI-7	反应压力（MPa）	1.27	1.34	1.33
28	LIC-1-Z	反应器料位指示（%）	80.00	80.00	84.00
29	AI-1	出口聚丙烯浓度（%）	10.63	13.13	11.16
30	IAY1	诱发段超上限积分指标	100.00	0.00	105.00
31	IAY2	诱发段超下限积分指标	100.00	802.00	105.00
32	IAF1	反应段超上限积分指标	500.00	0.00	525.00
33	IAF2	反应段超下限积分指标	500.00	3407.00	525.00
34	IAB1	保持段超上限积分指标	500.00	5364.00	525.00
35	IAB2	保持段超下限积分指标	500.00	265.00	525.00

间歇反应系统

序号	位号	变量名称（计量单位）	正常值	当前值
1	HV-17	夹套蒸气加热阀（0～100%）	20.00	26.00
2	HV-18	夹套水冷却阀（0～100%）	0.00	0.00
3	HV-19	蛇管水冷却阀（0～100%）	0.00	0.00
4	HV-21	反应釜放空阀（0～100%）	0.00	0.00
5	V15	反应釜进料阀（0-1）	0	0
6	V16	反应釜进料阀（0-1）	0	0
7	V20	反应釜出料阀（0-1）	0	0
8	V25	高压水泵出口阀（0-1）	0	0
9	M02	缩合反应釜搅拌开关（0-1）	1	1
10	M05	高压冷却水泵开关（0-1）	0	1
11	PS	主蒸气压力（MPa）	0.80	0.80
12	PW	冷却水压力（MPa）	0.31	0.31
13	H-3	缩合釜液位（m）	2.40	2.44
14	P	反应釜压力（MPa）	0.69	0.68
15	T	反应釜温度（℃）	120.00	120.69
16	CD	主产物量（kg）	216.00	215.38
17	CE	副产物浓度（Mol/L）	0.30	0.20
18	T2	夹套冷却水出口温度（℃）	60.00	131.23
19	T3	蛇管冷却水出口温度（℃）	60.00	77.21
20	PJ	当夹套蒸气加热时蒸气压力（MPa）	0.45	0.28
21	IAY1	诱发段超上限积分指标	100.00	144.00
22	IAY2	诱发段超下限积分指标	100.00	0.00
23	IAF1	反应段超上限积分指标	500.00	10000.00
24	IAF2	反应段超下限积分指标	500.00	0.00
25	IAB1	保持段超上限积分指标	500.00	53.00
26	IAB2	保持段超下限积分指标	500.00	59.00

参考文献

[1] 吴重光. 化工仿真实习指南［M］. 3 版. 北京：化学工业出版社，2012.

[2] 吴重光. 系统建模与仿真［M］. 北京：清华大学出版社，2008.

[3] GB/T 18975.1　工业自动化系统和集成，第一部分 流程工厂包括石油天然气生产设施生命周期数据集成.

[4] GB/T 18975.2　工业自动化系统和集成，第二部分 数据模型，流程工厂包括石油天然气生产设施生命周期数据集成.

[5] AQ/T 3034—2010　化工企业工艺安全管理实施导则.

[6] AQ/T 3049—2013　危险与可操作性分析（HAZOP 分析）应用导则.

[7] 吴重光. 危险与可操作性分析（HAZOP）应用指南. 北京：中国石化出版社，2012.

[8] Wu Chong-guang, Xu Xin, Zhang Beike, Na Yuong-liang, Domain Ontology for Scenario -based Hazard Evaluation, Safety Science, Elsevier S&T Journals, Volume 60, December 2013, Pages 21-34.

[9] Jaimer Carbonell, AI in CAI: An Artificial-Intelligence Approach to Computer-Assisted Instruction , lEEE TRANSACTIONS ON MAN-MACHINE SYSTEMS , Vol. MMS-11, No. 4, December 1970.